QIONGRUI
FENGLIU

琼蕊风流

宋韵文化生活系列丛书

应雪林 主编

陈永昊 徐吉军 沈纯道 著

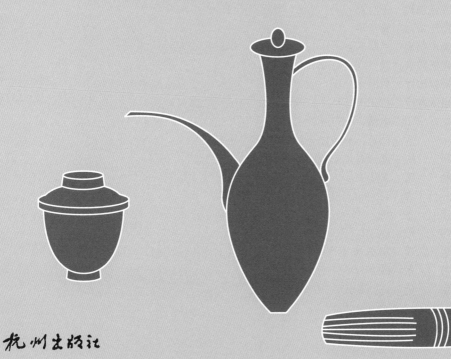

杭州出版社

图书在版编目（CIP）数据

琼蕊风流 / 陈永昊，徐吉军，沈纯道著．-- 杭州：
杭州出版社，2023.4
　（宋韵文化生活系列丛书）
　ISBN 978-7-5565-2019-0

　Ⅰ．①琼… Ⅱ．①陈… ②徐… ③沈… Ⅲ．①茶文化
－中国－宋代 Ⅳ．① TS971.21

中国国家版本馆 CIP 数据核字（2023）第 005403 号

项目统筹　　杨清华

QIONGRUI FENGLIU
琼蕊风流

陈永昊　徐吉军　沈纯道　著

责任编辑　　王晓磊
责任校对　　管章玲
美术编辑　　卢晓明
责任印务　　姚　霖
装帧设计　　蔡海东　倪　欣
出版发行　　杭州出版社（杭州市西湖文化广场 32 号 6 楼）
　　　　　　　电话：0571-87997719　邮编：310014
　　　　　　　网址：www.hzcbs.com
印　　刷　　浙江海虹彩色印务有限公司
经　　销　　新华书店
开　　本　　710 mm×1000 mm　1/16
印　　张　　12
字　　数　　155 千
版 印 次　　2023 年 4 月第 1 版　2023 年 4 月第 1 次印刷
书　　号　　ISBN 978-7-5565-2019-0
定　　价　　128.00 元

"宋韵文化生活系列丛书"编纂指导委员会

来颖杰　范庆瑜　黄海峰　杨建武　叶　菁　谢利根

"宋韵文化生活系列丛书"编纂委员会

主　编： 应雪林

副主编： 胡　坚　包伟民　何忠礼　龚延明

编　委（按姓氏笔画排序）：

尹晓宁　安蓉泉　寿勤泽　李　杰

何兆泉　范卫东　周旭霞　赵一新

祖　慧　徐吉军　黄　滋

浙江文化研究工程成果文库总序

有人将文化比作一条来自老祖宗而又流向未来的河，这是说文化的传统，通过纵向传承和横向传递，生生不息地影响和引领着人们的生存与发展；有人说文化是人类的思想、智慧、信仰、情感和生活的载体、方式和方法，这是将文化作为人们代代相传的生活方式的整体。我们说，文化为群体生活提供规范、方式与环境，文化通过传承为社会进步发挥基础作用，文化会促进或制约经济乃至整个社会的发展。文化的力量，已经深深熔铸在民族的生命力、创造力和凝聚力之中。

在人类文化演化的进程中，各种文化都在其内部生成众多的元素、层次与类型，由此决定了文化的多样性与复杂性。

中国文化的博大精深，来源于其内部生成的多姿多彩；中国文化的历久弥新，取决于其变迁过程中各种元素、层次、类型在内容和结构上通过碰撞、解构、融合而产生的革故鼎新的强大动力。

中国土地广袤、疆域辽阔，不同区域间因自然环境、经济环境、社会环境等诸多方面的差异，建构了不同的区域文化。区域文化如同百川归海，共同汇聚成中国文化的大传统，这种大传统如同春风化雨，渗透于各种区域文化之中。在这个过程中，区域文化如同清溪山泉潺潺不息，在中国文化的共同价值取向下，以自己的独特个性支撑着、引领着本地经济社会的发展。

从区域文化入手，对一地文化的历史与现状展开全面、系统、扎实、有序的研究，一方面可以藉此梳理和弘扬当地的历史传统和文化资源，繁荣和丰富当代的先进文化建设活动，规划和指导未来的文化发展蓝图，增强文化软实力，为全面建设小康社会、加快推进社会主义现代化提供思想保证、精神动力、智力支持和舆论力量；另一方面，这也是深入了解中国文化、研究中国文化、发展中国文化、创新中国文化的重要途径之一。如今，区域文化研究日益受到各地重视，成为我国文化研究走向深入的一个重要标志。我们今天实施浙江文化研究工程，其目的和意义也在于此。

千百年来，浙江人民积淀和传承了一个底蕴深厚的文化传统。这种文化传统的独特性，正在于它令人惊叹的富于创造力的智慧和力量。

浙江文化中富于创造力的基因，早早地出现在其历史的源头。在浙江新石器时代最为著名的跨湖桥、河姆渡、马家浜和良渚的考古文化中，浙江先民们都以不同凡响的作为，在中华民族的文明之源留下了创造和进步的印记。

浙江人民在与时俱进的历史轨迹上一路走来，秉承富于创造力的文化传统，这深深地融汇在一代代浙江人民的血液中，体现在浙江人民的行为上，也在浙江历史上众多杰出人物身上得到充分展示。从大禹的因势利导、敬业治水，到勾践的卧薪尝胆、励精图治；从钱氏的保境安民、纳土归宋，到胡则的为官一任、造福一方；从岳飞、于谦的精忠报国、清白一生，到方孝孺、张苍水的刚正不阿、以身殉国；从沈括的博学多识、精研深究，到竺可桢的科学救国、求是一生；无论是陈亮、叶适的经世致用，还是黄宗羲的工商皆本；无论是王充、王阳明的批判、自觉，还是龚自珍、蔡元培的开明、开放，等等，都展示了浙江深厚的文化底蕴，凝聚了浙江人民求真务实的创造精神。

代代相传的文化创造的作为和精神，从观念、态度、行为方式和价值取向上，孕育、形成和发展了渊源有自的浙江地域文化传统和与时俱进的浙江文化精神，她滋育着浙江的生命力、催生着浙江的凝聚力、激发着浙江的创造力、培植着浙江的竞争力，激励着浙江人民永不自满、永不停息，在各个不同的历史时期不断地超越自我、创业奋进。

悠久深厚、意韵丰富的浙江文化传统，是历史赐予我们的宝贵财富，也是我们开拓未来的丰富资源和不竭动力。党的十六大以来推进浙江新发展的实践，使我们越来越深刻地认识到，与国家实施改革开放大政方针相伴随的浙江经济社会持续快速健康发展的深层原因，就在于浙江深厚的文化底蕴和文化传统与当今时代精神的有机结合，就在于发展先进生产力与发展先进文化的有机结合。今后一个时期浙江能否在全面建设小康社会、加快社会主义现代化建设进程中继续走在前列，很大程度上取决于我们对文化力量的深刻认识、对发展先进文化的高度自觉和对加快建设文化大省的工作力度。我们应该看到，文化的力量最终可以转化为物质的力量，文化的软实力最终可以转化为经济的硬实力。文化要素是综合竞争力的核心要素，文化资源是经济社会发展的重要资源，文化素质是领导者和劳动者的首要素质。因此，研究浙江文化的历史与现状，增强文化软实力，为浙江的现代化建设服务，是浙江人民的共同事业，也是浙江各级党委、政府的重要使命和责任。

2005 年 7 月召开的中共浙江省委十一届八次全会，作出《关于加快建设文化大省的决定》，提出要从增强先进文化凝聚力、解放和发展生产力、增强社会公共服务能力入手，大力实施文明素质工程、文化精品工程、文化研究工程、文化保护工程、文化产业促进工程、文化阵地工程、文化传播工程、文化人才工程等"八项工程"，实施科教兴国和人才强国战略，加快建设教育、科技、卫生、体育等"四个强省"。作为文化建设"八项工程"之一的文化研究工程，其任务就是系统研究浙江文化的历史成就和当代发展，深入挖掘浙江文化底蕴、研究浙江现象、总结浙江经验、指导浙江未来的发展。

浙江文化研究工程将重点研究"今、古、人、文"四个方面，即围绕浙江当代发展问题研究、浙江历史文化专题研究、浙江名人研究、浙江历史文献整理四大板块，开展系统研究，出版系列丛书。在研究内容上，深入挖掘浙江文化底蕴，系统梳理和分析浙江历史文化的内部结构、变化规律和地域特色，坚持和发展浙江精神；研究浙江文化与其他地域文化的异同，厘清浙江文化在中国文化中的地位和相互影响的关系；围绕浙江生动的当代实践，深入解读浙江现象，总结浙江经验，指导浙江发展。在研究力量上，通过课题组织、出版资助、重点研究基地建设、加强省内外大院名校合作、整合各地各部门力量等途径，形成上下联动、学界互动的整体合力。在成果运用上，注重研究成果的学术价值和应用价值，充分发挥其认识世界、传承文明、创新理论、咨政育人、服务社会的重要作用。

我们希望通过实施浙江文化研究工程，努力用浙江历史教育浙江人民、用浙江文化熏陶浙江人民、用浙江精神鼓舞浙江人民、用浙江经验引领浙江人民，进一步激发浙江人民的无穷智慧和伟大创造能力，推动浙江实现又快又好发展。

今天，我们踏着来自历史的河流，受着一方百姓的期许，理应负起使命，至诚奉献，让我们的文化绵延不绝，让我们的创造生生不息。

2006 年 5 月 30 日于杭州

让我们回望千年，一同走进宋人的世界

目 录
Contents

绪　言

　　茶，源于中国，走向世界，为人类健康和文明发展作出了巨大贡献。博大精深的中华茶文化始终与中华文脉息息相通、休戚与共，是中华民族宝贵的精神财富，成为中华民族重要的文化基因和精神标识。

　　今天，在浙江大地兴起的研究宋韵文化、创新宋韵文化、发展宋韵文化的热潮中，我们惊喜地发现：宋韵文化还有一朵奇葩，那就是宋茶文化。

　　宋茶文化在中华茶文化发展长河中承上启下、创新发展，在转型繁荣中形成了鲜明的特色，不仅对中国后世的茶文化，而且对日本的茶道、韩国的茶礼乃至东南亚、西亚、东非的茶文化都产生了巨大影响。

　　宋代大文学家、书法家黄庭坚在他的《满庭芳》一词中满怀深情地赞美茶说："碾深罗细，琼蕊暖生烟。一种风流气味，如甘露、不染尘凡。"好一个琼蕊风流！宋茶文化历久弥香，其精华底蕴流传至今仍韵味十足、富有价值，与宋韵文化气息相通、能量同向。"数风流人物，还看今朝"，挖掘并在扬弃中发现宋茶文化于今天和未来发展的宝贵价值，通过创造性转化和创新性发展，为国家强盛、社会进步、文化发展和人民福祉作出贡献，这正是我们梳理宋茶文脉，在扬弃中传其精华流韵的真正目的。让我们一起走进那个充满魅力而又引你不断深思的茶的时代吧！

琼蕊风流
QIONGRUI FENGLIU

艺术化的茶饮生活

中华茶饮是中华茶文化的基础和主干。中华茶饮既是中华民族的生活之饮，又是中华民族的文化之饮、艺术之饮、精神之饮。中华茶饮从远古走来，一路上传承创新，演绎出多少传奇、多少美丽，宋代那段奇迹已令世人赞叹不已，许多宝贵遗产在今天又重现复兴之光。

茶从药用、食用走向饮用经过了一个过渡时期，即秦汉时期亦食亦饮的"羹饮"（但茶的药性利用始终存在）。这种饮茶方法一直沿用到唐代，至今还在我国的部分民族和地区中沿袭。比如傣族的"烤茶"就是在铛罐中冲泡茶叶之后，再加入椒、姜、桂、盐、香糯竹等食材加以调和而成的，类似的还有湖南的"擂茶"、云南的"米糊茶"、浙江的"烘豆茶"等等。

三国时期前后至唐宋，饮茶方式又一次发生变革而产生了"研碎冲饮法"。这种饮茶方式始于三国前后，流行于唐，盛行于宋。当冲

唐鎏金银茶笼

饮法发展到唐朝之后，陆羽就明确提出茶要品其本味，不应在饮茶时加入其他调料。唐朝人将单纯用茶叶冲泡，不加调料的茶称为"清茗"。饮过清茗之后，还要咀嚼一下茶叶，品其本味。到宋代，茶的清饮已成主流，最有代表性的冲饮方法称为"点茶法"。

一、"点茶"奇葩

宋代在茶业发展上出现了茶区与产量剧增、种茶和制茶技术大幅进步、内需外贸十分兴旺的局面，还出现了众多的专业茶园户。

在宋人生活中，茶饮已经非常普及。茶既属于"柴米油盐酱醋茶"的开门七件事，又列入"琴棋书画诗酒茶"之中，兼具物质生活和精神生活的双重属性。正如时人李觏《富国策》所说："天下之货，茶最后出，而国用赖焉。今兹有说乎？曰：茶非古也，源于江左，流于天下，浸淫于近代。君子小人靡不嗜也，富贵贫贱靡不用也。"

特别是到了北宋末年，饮茶之风更是达到了高峰。宋徽宗《大观茶论》说：

> 本朝之兴，岁修建溪之贡，龙团、凤饼，名冠天下，壑源之品，亦自此盛。延及于今，百废俱举，海内晏然，垂拱密勿，俱致无为。荐绅之士，韦布之流，沐浴膏泽，熏陶德化，咸以雅尚相推，从事茗饮。故近岁以来，采择之精，制作之工，品第之胜，烹点之妙，莫不咸造其极。[①]

宋代除以茶止渴、消食、醒脑等以外，在空前浓郁的茶饮氛围中，

---

① 〔宋〕赵佶：《大观茶论》，载沈冬梅、李涓编著《大观茶论（外二种）》，中华书局，2013年，第7页。

还将茶饮生活的艺术化推向了极致。

〔北宋〕赵佶《大观茶论》书影

"点茶"原来指的是制作末茶茶饮的一个环节、一个技法动作，后拓展为代指整个茶饮方式——末茶冲点饮法。点茶之法是多种茶饮方式中的一支，而经朝廷重臣蔡襄在其茶文化名著《茶录》中详加介绍之后，很快在民间广泛流传。宋代茶饮有一套完整的程序：炙茶（微火炙陈茶）、碾茶（碾磨成粉末）、罗茶（以罗细筛）、候汤（烧煮用水）、熁盏（熏烤茶盏预热），然后点茶。宋徽宗虽治国无能，却是书画和点茶高手，还亲自写了《大观茶论》，细说点茶之法，并将点茶细分为七个步骤。于是，末茶冲点饮法迅速成为宋代茶饮文化的主流，成了中国茶艺史上的一道奇观。

宋代点茶要求茶末细如粉尘，所以对碾磨工具要求颇高。茶饼的研磨工具可以细分为茶研、茶碾和茶磨，筛茶末的罗往往以画绢为底。蔡襄《茶录》下篇《论茶器·茶罗》曰："茶罗，以绝细为佳。罗底用蜀东川鹅溪画绢之密者，投汤中，揉洗以幂之。"茶末之美得到了诸多文人骚客的赞美，黄庭坚《双井茶送子瞻》云："我家江南摘云腴，落硙霏霏雪不如。"苏轼《九日寻臻阇梨遂泛小舟至勤师院二首》其一云："试碾露芽烹白雪，休拈霜蕊嚼黄金。"

真香、真味，是宋代茶艺非常注重的目标。宋代民间的饮茶法大多承袭前朝，有以姜、盐、桂、椒等杂物入茶同煎饮用的习惯。如苏辙《和子瞻煎茶》诗："年来病懒百不堪，未废饮食求芳甘。煎茶旧法出西蜀，水声火候犹能谙。相传煎茶只煎水，茶性仍存偏有味。君不见闽中茶品天下高，倾身事茶不知劳。又不见北方俚人茗饮无不有，盐酪椒姜夸满口。我今倦游思故乡，不学南方与北方。铜铛得火蚯蚓叫，匙脚旋转秋萤光。何时茅檐归去炙背读文字，遣儿折取枯竹女煎汤。"此外，宋人还有用葱、梅、鸡苏、胡麻等与茶同煎的。如李之仪《访瑶上人值吃葱茶》诗："葱茶未必能留坐，为爱高人手自提。"但上述的民间茶生活为文人茶艺所排斥。蔡襄《茶录》上篇《论茶·香》说："茶有真香，而入贡者微以龙脑和膏，欲助其香。建安民间试茶，皆不入香，恐夺其真。若烹点之际，又杂珍果香草，其夺益甚，正当不用。"宋徽宗《大观茶论·香》曰："茶有真香，非龙麝可拟。要须蒸及熟而压之，及干而研，研细而造，则和美具足，入盏则馨香四达，秋爽洒然。或蒸气如桃仁夹杂，则其气酸烈而恶。"君臣一唱一和，都是强调茶自身的"真香"，反对外物拼配之香，强烈主张点茶清饮。

〔北宋〕蔡襄《茶录》（局部）

〔北宋〕赵佶《文会图》

宋代茶艺还追求高雅的艺术氛围，吟诗、听琴、观画、赏花、闻香等成为茶艺活动中常见的项目。如梅尧臣《依韵和邵不疑以雨止烹茶观画听琴之会》诗："弹琴阅古画，煮茗仍有期。"张耒《游武昌》诗："杀鸡为黍办仓卒，看画烹茶每醉饱。"宋徽宗赵佶的《文会图》，便生动地描绘了宋人将茶、酒、花、香、琴、诗、书、画等相融合的情景。

古代末茶的发展经历了两个阶段，由蒸青饼茶向蒸青散茶转变。明代"废团改散"后，散叶茶兴起，末茶渐渐式微。日本僧人荣西禅师在南宋绍熙二年（1191）将末茶工艺带回日本，被继承发展成日本抹茶。当代中国末茶（通常称抹茶，笔者仍用"末茶"称之）以生态要求和资源充分利用为背景，出现复兴之势，快速挺进现代工业和消费市场，成为茶食品、茶饮料、茶保健品、茶化妆品的宠儿，堪称宋茶文化遗产的一种复活和弘扬。

二、"分茶"艺术

宋人精致的审美，还进一步反映在点茶中的分茶技法上。唐代的分茶就是将煮好的茶汤让大家分而饮之，也称"均茶"。而宋代的分茶逐渐演化为在点茶过程中运用杂耍技巧形成文字和图案，犹如在茶汤上作书画画，大约是宋人书画情结在茶技上的一种延伸，充分反映了宋代茶艺从上层走向民间的情趣，深得茶人喜爱，屡屡现身于宋代诗词中。如李清照《转调满庭芳》："当年曾胜赏，生香薰袖，活火分茶"；杨万里《澹庵坐上观显上人分茶》："分茶何似煎茶好，煎茶不似分茶巧"；陆游《临安春雨初霁》："矮纸斜行闲作草，晴窗细乳戏分茶"。

分茶作为点茶中的一种技法,是否与唐、五代时期就有并延伸至宋的民间"茶百戏"有一种承续创新的关系,值得深入研究。

五代末北宋初的陶榖著有《清异录》,有如下记载:"茶至唐始盛。近世有下汤运匕,别施妙诀,使汤纹水脉成物象者,禽兽、虫鱼、花草之属,纤巧如画,但须臾即就散灭。此茶之变也,时人谓之'茶百戏'。"意思是说,"茶百戏"能做到利用茶匙在茶汤上浮的茶末中巧妙搅拌,让茶汤表面呈现各种物象,有飞禽走兽、花草虫鱼等,这种游戏就像在茶碗里作画,所以"茶百戏"又叫"水丹青""汤戏""幻茶"。书里还说当时有个佛门弟子叫福全,特别擅长这种游戏,他"生于金乡,长于茶海,能注汤幻茶成一句诗",如果同时点画四只茶瓯,甚至可以形成一首绝句,泛于汤表。至于幻化鱼虫花鸟之类,更是唾手可得。因此,他成了"茶百戏"表演专业户,演出时经常门庭若市,观技、求艺者不绝。他还用诗自夸其绝活:"生成盏里水丹青,巧画工夫学不成。却笑当时陆鸿渐,煎茶赢得好名声。"

三、"斗茶"情趣

以点茶、分茶为基础,宋人还盛行斗茶。宋人斗茶不仅是茶叶品质的比赛,更是点茶技艺升级版的比赛。点茶是一种茶饮方式,日常在用;分茶是集饮、玩、赏于一体的点茶游戏;斗茶则是制茶、点茶、分茶高手的比拼,是游戏时或正式比赛中的茶艺竞赛,斗的是茶品、茶技和茶艺的高下。

斗茶最初流行于建州（今福建建瓯），此后才向全国各地扩散，并从民间流入宫廷。宋代斗茶可以分为两个阶段，前期注重斗香斗味，后期注重斗色斗浮。前期斗茶，较量的是茶味和茶香，斗试的末茶尚绿色，击拂出的沫饽以青翠为佳，茶碗喜用越窑青瓷瓯或青白瓷盏。宋代著名诗人范仲淹《和章岷从事斗茶歌》："黄金碾畔绿尘飞，紫玉瓯心翠涛起。斗余味兮轻醍醐，斗余香兮薄兰芷。"丁谓《北苑焙新茶》诗："头进英华尽，初烹气味醇。细香胜却麝，浅色过于筠。"前期末茶是自然的青绿色，所以打出的沫饽也似"绿乳"，受到诸多文人吟赞。后期斗茶，重在斗色斗浮，以蔡襄的《茶录》为标志。斗色，《茶录》载"茶色贵白"，在宋朝后期形成"尚白"时尚。但白茶资源有限，"龙园胜雪"造价惊人，仅能供皇家把玩。即使是朝廷重臣，得皇上赏赐小龙团茶，也舍不得拿出来点试茗战，民间斗茶还是以常品为主。后期斗茶，除了"白"，还要"浮"，要求盏中沫饽丰满且着盏长久，

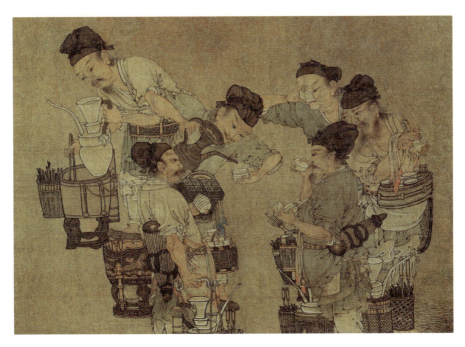

〔南宋〕佚名《斗浆图》（黑龙江省博物馆藏）

消退缓慢。"斗浮"的判别标准在于沫饽消退后出现的水痕，先出现水痕者为负。若是击拂得好，汤花匀细，就可以紧咬茶盏，久聚不散。这种最佳效果，名曰"咬盏"。蔡襄《茶录》上篇《论茶·点茶》记载："建安斗试，以水痕先者为负，耐久者为胜，故较胜负之说，曰'相去一水、两水'。"所以判断胜负的标准在于最后冲泡的汤色和汤花两个方面。"汤色"指的是茶汤的颜色，以纯白为上，以下依次为青白、灰白、黄白。比试汤色所用的茶器，以建盏为最佳。"汤花"指的是汤面所泛起的泡沫。衡量的指标，一是色泽，二是汤花泛起后水痕出现的早晚。由于汤色与汤花密切相关，所以汤花色泽的评判也以鲜白为上。汤花泛起后，水痕出现晚的胜，出现早的负。技高者，点出的汤花浓厚，不易散开见水。原因大概在于点茶得法，茶的内含物质便得以充分释放，汤花自然浓密久聚。

宋代斗茶的第一道程序是所谓的"三嗅"，即在烹点前对茶品进行嗅香、尝味、鉴色，赏其色、香、味、形。这一活动大多在清晨进行，宋人认为这一时间人的嗅觉、味觉器官特别灵敏。

斗茶对用水十分讲究。宋人江休复在自己的笔记《江邻幾杂志》中记载：诗人苏舜元曾与蔡襄斗茶。蔡襄用无锡名泉惠山泉煎茶，苏舜元的茶叶略差，他改用竹沥水煎茶，以清香扑鼻胜出一筹。

斗茶到了文人层面，花样更多，不仅要斗茶、斗水，甚至还要斗诗词。北宋名臣范仲淹在睦州（治今浙江建德市东北）任知州时曾带着从事章岷重游富春江边严子陵垂钓处和新修葺的严家祠堂。游毕，章岷带范仲淹来到不远处的严陵滩。露天的一块平地上已经摆下了桌椅碗筷、纸笔伞扇、汤匙茶盏、炉炭炊具等。章岷介绍说：这严陵滩水是唐朝陆羽品评过的宜于煮茶的名水（位列十九），又被唐朝鉴水高手张又新《煎茶水记》评价为"以煎佳茶，不可名其鲜馥也"。以严陵滩水煎煮本地天尊岩所产之茶，其味最佳。范仲淹本是好茶之人，曾写过一组诗《萧洒桐庐郡》，当然了解颇多，于是侃侃而谈。说罢，二人"斗性"骤起。斗茶时，茶、水、器、具、技并无高下；再作分茶，汤上书画也难分难解；最后决定以斗茶诗决胜负。章岷居然先于范仲淹交卷，写成一首《斗茶歌》，拔得头筹。范仲淹心胸豁达，对章岷的《斗茶歌》赞许有加，只见他洒脱地将自己已写了大半的诗稿揉碎扔了，另外铺就一纸，重写了一首《和章岷从事斗茶歌》：

年年春自东南来，建溪先暖冰微开。

溪边奇茗冠天下，武夷仙人从古栽。

新雷昨夜发何处，家家嬉笑穿云去。

露芽错落一番荣，缀玉含珠散嘉树。

终朝采掇未盈襜，唯求精粹不敢贪。

研膏焙乳有雅制，方中圭兮圆中蟾。

北苑将期献天子，林下雄豪先斗美。

鼎磨云外首山铜，瓶携江上中泠水。

黄金碾畔绿尘飞，紫玉瓯心翠涛起。

斗余味兮轻醍醐，斗余香兮薄兰芷。

其间品第胡能欺，十目视而十手指。

胜若登仙不可攀，输同降将无穷耻。

吁嗟天产石上英，论功不愧阶前蓂。

众人之浊我可清，千日之醉我可醒。

屈原试与招魂魄，刘伶却得闻雷霆。

卢仝敢不歌，陆羽须作经。

森然万象中，焉知无茶星。

商山丈人休茹芝，首阳先生休采薇。

长安酒价减千万，成都药市无光辉。

不如仙山一啜好，泠然便欲乘风飞。

君莫羡花间女郎只斗草，赢得珠玑满斗归。

范仲淹像

宋代虽盛行斗茶，但文献记载不多，范仲淹洋洋洒洒的《和章岷从事斗茶歌》，留下了斗茶的大致过程和特色要素，色香味都一一提及，可谓极其珍贵。章岷一生，《宋史》无传，文献记载甚少，只知道他在宋英宗治平元年（1064）以刑部郎中的身份出使过北方契丹。1974年7月，人们在镇江市南郊发现了他的墓葬。墓中不但发现了记载章岷生平的墓志，还较为完整地出土了一系列文物，诸如：镀金口影青茶盏和茶托、镶银镀金口影青茶盏、镶银边影青盏托、镶银口影青瓷碗、影青执壶、影青瓷碟、青瓷瓶、青瓷盒、定窑酱色釉瓷瓶、漆盘等。可见章岷确为爱茶之人。这些是不是章岷和范仲淹斗茶所用的那套档次极高的茶具？可能性是有的，因为和天下名臣范仲淹斗茶对诗毕竟是他一生中非常值得骄傲和纪念的事情。

除了点茶、分茶、斗茶外，如前所述，宋代还存在着煎茶和泡茶等茶饮方式。煎茶法是唐代煎煮饮茶法的遗风。北宋早期，宋人说饮茶煎煮，很难辨别是在煮茶还是在煮水。蔡襄著《茶录》之后风行点茶，虽然在一些地区仍保持煮茶习俗，但在士人眼中，并无清俗之分，无非各取其便、各取所用而已。如王观国《学林》卷八《茶诗》所说："茶之佳品，摘造在社前。其次，则火前，谓寒食前也。其下，则雨前，谓谷雨前也。茶之佳品,其色白;若碧绿色者,乃常品也。茶之佳品,芽蘗微细,不可多得;若取数多者,皆常品也。茶之佳品,皆点啜之;其煎啜之者,皆常品也。"苏轼《和蒋夔寄茶》诗说"老妻稚子不知爱,一半已入姜盐煎",便是主张好茶不该用煎煮拼配之法。洪皓《松漠纪闻》卷上记金人宴罢,"富者瀹建茗,留上客数人啜之,或以粗者煎乳酪",以粗老或档次低的茶加乳酪煎煮而饮,可见金人也追随宋人,精茶点饮,粗茶煎煮。

泡茶法即瀹茶法,就是直接瀹泡散条形的茶叶,这种饮茶方式在明代以后一直成为中国茶饮的主导方式,约在南宋中后期茶艺由繁趋简时出现。叶茶在唐代茶饮中就已被使用,刘禹锡《西山兰若试茶歌》:"宛然为客振衣起,自傍芳丛摘鹰觜。斯须炒成满室香,便酌砌下金沙水。……新芽连拳半未舒,自摘至煎俄顷余。"这表明在唐代就有叶茶形式的茶饮,不过这时仍使用煎煮法饮用叶茶。而到宋末元初,杭州一带已经开始使用直接瀹泡的方法饮用叶茶了,饮用时"但见瓢中清,翠影落群岫"(虞集《次韵邓善之游山中》),与此后至今一直占据中国茶饮方式主导地位的叶茶瀹泡法相同。

宋代的"点茶""分茶""斗茶",是将茶饮注入精神和文化,使之实用和审美兼得的一种方式,彰显了茶艺活动的趣味性和生动性。

辽张世卿墓后室西壁壁画(选自河北省文物研究所《宣化辽墓壁画》)

北京石景山出土的金赵励墓壁画《点茶图》

13

辽敖汉旗墓（下湾子 5 号）《备饮图》
（选自孙建华《内蒙古辽代壁画》）

其在当时非常盛行普及，连边境内外的少数民族包括辽、金的茶饮方式都深受影响，习而用之。20 世纪 70 年代以来，相继在北方出土了一些辽、金时代的墓葬。最令人称奇的是，这些墓道、墓壁、内室的彩色茶艺壁画，许多是宋人传播过来的点茶内容。在 6 座辽墓中，出土随葬品 300 余件，其中属于茶器类的不下四五十件，可见这些墓葬的主人，生前是多么爱茶，而且也说明宋茶文化

在辽、金之地已经非常普及了。这些墓室壁画中写实式的点茶场景及饮茶器具，均是墓主人生前生活的反映，也是中国北方民族饮茶习俗的写照。比如河北宣化辽张世卿墓后室西壁壁画，画面丰富生动：中间左面二人一人注水，一人点茶，合作默契；中间右面二人品茗交谈，

辽张匡正墓前室东壁壁画《备茶图》（选自河北省文物研究所《宣化辽墓壁画》）

怡然自得。张匡正墓前室东壁壁画，由三男二女和一些点茶器物构成，整个画面反映的是碾茶、罗茶、煮水、点茶的一系列工序，展现了辽时点茶的全过程。出土的数十个茶器中，有瓷

器、陶器、漆器、铜器等不同种类的点茶和饮茶器具，其造型独特，既有接近中原形式的，也有自成一式的，特别是有不少黄釉茶器，为辽代所特有，对研究北方民族的饮茶习俗以及茶具的选择和组合，都有很高的研究价值，为人们提供了形象而生动的历史资料，也证明了茶文化对促进中华多民族交流交融的巨大作用和贡献。

四、"茶肆"盛景

宋代茶饮和茶艺之盛促进了茶馆业的兴盛，突出表现在三个方面：一是茶馆数量大增，经营方式有新的突破，灵活多变，出现了一窟鬼茶坊、花茶坊、水茶坊、蹴鞠茶坊等不同形式的茶坊，歌女献茶成为茶肆行规。为了赢得丰厚的商业利润，甚至有专供仕女夜游吃茶的地方，提茶瓶者还有主动送茶上门服务的，有的还引入歌卖以招徕顾客。他们通过专业化分工提高服务和管理水平，通过热情周到、细致入微的服务留住客人，通过行会组织实现茶馆的规范化管理。据宋代孟元老《东京梦华录》记载，北宋开封城内的闹市和居民聚集之处，各类茶坊鳞次栉比。张择端《清明上河图》也表现了北宋东京（今河南开封）茶楼林立、酒肆繁多的市民生活图景。据南宋吴自牧《梦粱录》卷一六《茶肆》载：都城临安城内茶肆"四时卖奇茶异汤，冬月添卖七宝擂茶、馓子葱茶，或卖盐豉汤，暑天添卖雪泡梅花酒，或缩脾饮暑药之属。向绍兴年间，卖梅花酒之肆，以鼓乐吹《梅花引》曲破卖之，用银盂杓盏子，亦如酒肆论一角二角"。二是注重茶馆硬件设施的建设，装饰颇为精致典雅，并对饮茶环境的雅静有着非常高的要求。"插四时花，挂名人画，装点店面"，"今之茶肆，列花架，安顿奇松异桧等物于其上，装饰店面，敲打响盏歌卖，止用瓷盏漆托供卖，则无银盂物也"（《梦粱录》卷一六《茶肆》），烘托出茶馆的艺术氛围。三是宋代茶肆的功能远比现在要丰富。其时茶馆的功能主要有三种：（1）人们品茶、斗茶等茶事活动的重要场地；（2）除了作为行业聚会场所外，还是三教九流聚集之所，人们沟通信息的交流空间和社交场所；（3）听书、看戏、休憩的休闲娱乐空间和教坊习艺场所，例如"中瓦内王妈妈家茶肆，名一窟鬼茶坊"，这"一窟鬼"就是说书人经常使用的神魔鬼怪的话题题目，并结合题目组织说书活动，由此可以想象一些茶肆兼有听书的特色。在点茶之风盛行时，好的点茶师往往有较高的经济收入。南宋时都城临安清河坊天井巷有一家客栈兼茶肆，生意不错，全因店主陈九郎有一手点茶绝活，据传名列京城四大点茶师之冠，所以可以经常出入相府，为当时的权相韩侂胄点茶，一上午可得一贯铜钱的丰厚收入。

由此可见，宋代是中国茶馆文化的定型期。自此以后，中国茶馆文化便具有了市民性质，成为大众性、娱乐性、开放性、包容性的结合体。茶馆，无论在数量、经营方式，还是在装饰布置和功能上，都有了新的发展，其风貌和传统一直影响到现在。

琼蕊风流 QIONGRUI FENGLIU

茶道中的人生哲学

　　"茶道"用语始于与陆羽亦师亦友的诗僧皎然《饮茶歌诮崔石使君》诗："崔侯啜之意不已，狂歌一曲惊人耳。孰知茶道全尔真，唯有丹丘得如此。"而具有哲学意义的茶道思想体系的形成是一个很长的历史过程。

　　中国茶道以茶为基础，进而上升为文化、社会意识的方方面面，如科学技术、文学艺术、道德伦理、教育、宗教、民间习俗和信仰等，再进一步抽象升华，则为哲学层面的"道""天人合一"，看茶也好，品茶也罢，都是中国茶道的哲学内容。

　　哲学是文化的核心和思想基础。中国古代哲学最发达的部分是人生哲学，伦理学和思辨学又是其中的重点。儒家的重心几乎都放在伦理上，思辨也多是对伦理的思辨，家国治理用的理论和方式也是伦理的底子，再以思辨阐释。至于中国化的佛家，将人生和伦理放大到众生、"三生"（前生、今生、来生），再用思辨驾驭。宋朝统治者喜作多元融合工作，以儒学为领导地位，同时力纳佛道于一体。道家则将重心放在对生命的思辨上。宋代茶文化在思想观念上同样受它们的深刻影响，赋茶以德喻人德，赋茶以性喻人性，以茶的生命过程比喻人生，而诠释"德""性""人生"的重点仍是伦理内容，而且常常将儒释道思想融其中。这些在宋代的文人士大夫乃至皇帝的茶文化思想上表现得尤为突出。

一、茶德人品

宋代文人喜欢将茶比作品德高尚的君子，将佳茗比作美丽高雅的女子。首倡"茶德"的是北宋杭州人强至。他既赞美建安之茶，"茶生天地间，建溪独为首"，又反感背离茶德的奢侈浪费，批评"南土众富儿，一饼千金售。公立须南官，好居众富右。俸钱未到门，已入园夫手。买藏惟恐迟，秘之逾琼玖"。他旗帜鲜明地坚持"茶品众所知，茶德予能剖。烹须清泠泉，性若不容垢"。说的虽是茶品、茶德、茶性，实际上指的是人品、人德、人性，其末句得出结论说："古若有此茶，商纣不酗酒。"（强至《公立煎茶之绝品以待诸友退皆作诗因附众篇之末》）把茶上升到品德品性的高度，上升到治国和政德的高度，上升到天人合一的高度，将茶和人生哲学、道德伦理结合起来，将饮茶、品茶融入到儒家思想中去，赋茶以教化功能，这在宋代是极具代表性的。《东坡志林》中记载的一段苏轼和司马光之间关于茶与墨的辩论，也是一个有趣的证明。一天，司马光邀好友斗茶品茗，大家带上各自收藏的上好茶叶、精美茶具、甘泉之水赴约。先看茶样，再嗅茶香，后评茶味。苏轼和司马光所带的茶成色均好，但因苏轼自带了隔年雪水用来泡茶，水质好、茶味纯，于是占了上风。司马光内心有点不服，因为时风推崇白色茶汤，便借此出题用矛盾之法难难苏轼："茶欲白，墨欲黑；茶欲重，墨欲轻；茶欲新，墨欲陈。"苏轼不慌不忙答道：二者确实是两种不同的物质，但也有相同的地方啊！司马光问其原因，苏轼作了以下解释："奇茶妙墨皆香，是其德同也；皆坚，是其操同也。

譬如贤人君子，妍丑黔皙之不同，其德操韫藏，实无以异。"司马光哈哈大笑，算是赞同。大才子苏轼先撇开两者的物质属性，直奔道德操守主题说异中有同，再话锋一转，说贤人君子虽有黑白美丑之分，但德行操守是一样的。一位以茶品说事，一位以人品反诘，这场充满智慧的对话，深刻地反映出宋人根深蒂固的茶道观念，即茶道与人道、茶德与人德的统一。

二、茶禅一味

佛教与茶饮的传播关系非常密切。茶叶生产初期与山上寺庙僧人普遍种茶、制茶、饮茶分不开。和尚日夜坐禅，饮茶可以提神醒脑。传说中国禅宗初祖达摩在嵩山少林寺面壁已有九年，一日竟不知不觉睡着了。达摩醒来后非常痛悔，就割下眼睑掷于地，不承想眼睑竟生成一棵茶树。达摩摘下茶叶泡水喝下去，睡意全消，继续面壁，十年终成正果。虽然是个神话，但确实说出了茶和禅的一层关系。佛家还从修禅角度赋予茶"三德"：一是坐禅时通夜不眠；二是满腹时帮助消化；三是茶为不发（禁欲）之药。这些都是"茶禅一味"的依据。最早植茶的人以山上的寺庙僧人为多，古代寺庙周围总有可垦荒种茶的土地，种茶制茶既可自给自足，又可惠及周围百姓和信众，佛教推进茶叶生产的发展，茶叶生产又促进佛教的推广。而最让茶和禅走在一起的是二者性相近、气相通，茶修和禅修有异曲同工之妙。茶让人身心平和，禅要求静而定，定而生慧；茶靠品，禅靠悟；一壶茶，千人千味，一字禅，千人千悟。所以赵州和尚从谂禅师的"吃茶去"会成为著名的佛门公案。当代的赵朴初先生也说"空持百千偈，不如吃茶去"，意思是说如果你知道很多的偈语但只是流于口头禅，不如回观心性，对照修持，像品茶般自得自悟。这才是"茶禅一味"的根本所在。

饮茶在佛教徒中间盛行之后自然而然地延及民间，甚至影响到最高的封建统治者。皇帝、官宦、文人、和尚喜欢饮茶，茶叶生产发展就很快，饮茶也得到迅速推广。

宋代佛教盛行，造寺塔、佛像大多选在名山胜处。高山寺庙周围，适合茶树生长，僧尼开辟茶园，种茶制茶，一为寺中自用，二为寺院增收，加上僧人有时间、精力用于茶树栽培，所以许多好的茶树品种也往往出自名山寺院。而且宋代寺院长期受到官府保护，禅宗各派都有不少寺院和地产，因此，宋代寺院的茶生产有不小的规模，培育出了很多名茶。比如杭州附近就有很多种名茶出自寺庵：宝云茶，出自宝云庵；垂云茶，出自西湖北山葛岭宝严院。宝严院怡然和尚将"垂云"新茶送给苏轼，苏轼认为，这垂云茶和自己回赠的大龙团都是珍品，不可作两般看，就以《怡然以垂云新茶见饷报以大龙团仍戏作小诗》来记录这件事："妙供来香积，珍烹具太官。拣芽分雀舌，赐茗出龙团。晓日云庵暖，春风浴殿寒。聊将试道眼，莫作两般看。"白云茶，出自白云峰——上天竺山后最高处，是上天竺寺的主山。著名的辩才大师曾在此住锡。以"梅妻鹤子"著称的林和靖，在《尝茶次寄越僧灵皎》中写道："白云峰下两枪新，腻绿长鲜谷雨春。静试恰如湖上雪，对尝兼忆剡中人。瓶悬金粉师应有，箸点琼花我自珍。清话几时搔首后，愿和松色劝三巡。"有人说这里的"旗枪"指的就是白云茶，也有人认为这里的"旗枪"就是代指当时的绿茶。宋代诗人胡宿曾作《三衢道中马上口占》诗："短亭疏柳映秋千，马上人家谷雨前。几树枪旗茶霍靡，一溪鳞甲水潺潺。"这里便用"枪旗"代指茶树，描绘细柔的茶树枝叶随风飘拂之状。可以说，在宋代，龙井一带的茶叶已经开始出名，苏轼、秦观、米芾、郑清之等都对其大加赞赏，其中高僧辩才在龙井寺植茶制茶贡献颇多。

余杭径山寺出产的径山茶也很有名，与武夷白乳、顾渚紫笋、禹穴天章并列。《梦粱录》卷一八《物产》说："径山采谷雨前茗，以小缶贮馈之。"

北宋时，洞庭山缥缈峰下的水月禅院山僧擅长制茶，出产以寺院命名的"水月茶"，被后世命名为"碧螺春"。水月寺曾改称为"水月贡茶院"。据宋代李弥大《无碍泉（诗并序）》记载，西山无碍泉在水月寺（水月禅院）东首，"入小青坞，至缥缈峰下，有泉泓澄莹澈，冬夏不涸，酌之甘冽，异于他泉，而未名"。南宋绍兴二年（1132）七月九日，无碍居士李似矩、静养居士胡茂老，饮而乐之。静养以"无碍"名泉，主泉僧愿平为煮泉烹水月芽为赋，诗云："瓯研水月先春焙，鼎煮云林无碍泉。将谓苏州能太守，老僧还解觅诗篇。"从此，无碍泉声名鹊起。

〔北宋〕李公麟《莲社图》

四川名茶"峨眉雪芽"原也产于寺院。南宋著名诗人陆游是峨眉山别峰大师的方外之交。淳熙八年（1181）春三月，陆游调任崇州，别峰命小僧送去刚从中峰寺后白岩峰下采摘焙制而成的"峨眉雪芽"。陆游高兴之余请来了两位茶道名士，取了丁东井的清泉，品茗于嘉州万景楼下的林樾中，吟出了他的茶诗佳作《同何元立蔡肩吾至东丁院汲泉煮茶》二首："一州佳处尽裴回，惟有东丁院未来。身是江南老桑苎，诸君小住共茶杯。""雪芽近自峨眉得，不减红囊顾渚春。旋置风炉清樾下，他年奇事记三人。"

九华山也有名茶。周必大游九华山时到化城寺拜谒金地藏塔，他在《九华山录》里写道："僧祖瑛独居塔院，献土产茶，味敌北苑。"认为九华山的茶，可以和北苑贡茶相媲美。

就是一些不太知名的寺院也时有好茶。苏轼贬谪黄州时，寓居临皋亭，就东坡筑雪堂，自号东坡居士。他曾向大冶长老讨要"桃花茶"，并种植在自己的雪堂之下。桃花茶当时名气并不大，但东坡索种，应该品质不差。

哲宗绍圣元年（1094），黄庭坚被贬黔州（治今重庆彭水）。在去黔州的路上，他写了一篇《黔南道中行记》，记载了一件往事："初余在峡州，问士大夫夷陵茶，皆云粗涩不可饮；试问小吏，云唯僧茶味善，试令求之，得十饼，价甚平也。携至黄牛峡，置风炉清樾间，身候汤，手摘得味，既以享黄牛神，且酌元明、尧夫，云：不减江南茶味也。"原来，黄庭坚在读陆羽《茶经》时，知道黄牛峡有茶。黄庭坚到达峡州时，就向士大夫打听夷陵茶，都说夷陵茶味道有点粗涩。问了一小吏，小吏说僧茶味道要好些。于是，黄庭坚请小吏帮他购买了十饼僧茶，价格也挺便宜。黄庭坚来到黄牛峡，又向船夫打听黄牛峡的茶，船夫说岸上有个老妇人在卖茶叶。靠岸后，船夫上去告诉老妇人说船上有客人要买茶叶。老妇人提着一笼茶叶，说是今年的新茶。黄庭坚见茶叶制作得有点粗糙，问还有没有更好的茶叶，老妇人说这就是最好的了，黄庭坚也买下带在船上。晚上，黄庭坚一行住在鹿角滩。他亲自沏茶，与长兄黄大临（字元明）、巫山尉辛纮（字尧夫）一起喝酒、吟诗、品茶，辛纮还亲自弹琴以《履霜》《烈女》之曲演唱。大家喝了黄庭坚买的僧茶，都觉得味道很好，不比江南茶的味道差。可见，僧茶在各地还称得上耐品味的好茶。

北宋时，临安天目山也是重要的茶区。玲珑山寺院有位尼姑，原为杭州名妓，她曾将秦观的《满庭芳》词改韵而意境不变。对茶道，她也颇有创新，研制出了"瓦壶天水菊花茶"，即用寺院后山的野菊花、野山茶，用瓦壶煎雪水来点茶，成了玲珑寺的名品。该茶传承至今，进入了杭州市临安区非物质文化遗产名录。

在宋代，寺院普遍种茶、饮茶，日常生活中离不了茶，已完全与饮茶融为一体。南宋《请岩老茶榜》之机语比较形象地概括了禅与茶的关系："若色若香若味，直下承当；是贪是嗔是痴，立时清净。"其时茶在佛教生活中主要有三种作用：一是在佛前供奉；二是僧徒自饮，以助修禅悟道；三是供僧俗客人饮用，以助缘传道。久而久之，逐渐形成了一套禅茶礼仪。据宋释道原《景德传灯录》卷二六记载："晨朝起来洗手面盥漱了吃茶，吃茶了佛前礼拜……归下处打睡了起来洗手面盥漱，起来洗手面盥漱了吃茶，吃茶了东事西事……上堂吃饭了盥漱，盥漱了吃茶，吃茶了东事西事。"朝夕、昼夜、年岁，日复一日，就是这么三碗茶。宋释普济《五灯会元》卷九《南岳下六世·西塔穆禅师法嗣》记载："问：'如何是和尚家风？'师曰：'饭后三碗茶。'"

饮茶成为寺院制度，每天都有规定的时间用于喝茶，由执事僧敲鼓聚集众僧到禅堂喝茶。召集僧人喝茶之鼓，专称为"茶鼓"。林逋在《西湖春日》中写道："春烟寺院敲茶鼓，夕照楼台卓酒旗。"而敲茶鼓的召集人便称为"茶头"，专门用于聚僧喝茶的禅堂则称为"茶堂"。

另外，寺门前还会有施茶僧，为往来信众分施茶水。茶成了僧徒日常生活中不可或缺的物品。

自宋代开始，寺院还规定新上任的主事僧都要先请大家喝茶，有什么事要解决，也需先请事主喝茶，几乎可以说是无茶不成事了，不管"东事西事"都需喝茶。

佛门饮茶，名目很多。僧徒按照受戒年限先后饮茶，称为"戒腊茶"；请所有僧人饮茶，称为"普茶"；化缘乞食所得之茶，则谓"化茶"。

僧徒坐禅，每日分六个阶段，每一阶段焚香一支，每焚完一支香后，寺院监值都要行茶，行茶多至四五匝，借以消除因长时间坐禅而产生的疲劳。

现存最早最完整的寺院清规当属北宋崇宁二年（1103）宗赜慈觉编集而成的《禅苑清规》，对后来的中国佛教寺院规制礼仪产生了重大影响，其中行茶礼仪占有重要地位。比如：新入寺院的僧人见到每个层级的和尚都要一一行茶礼，而且首先要学习赴粥饭和赴茶汤之礼，"或半月堂仪罢，或一二日茶汤罢"，才可入室请因缘；如果刚到不久就想离开，"须守堂仪半月，并点入寮茶讫，或圣节上殿罢临行，告白寮主并上下肩，方可前去"。连游僧寄住寺院也须"初来三日内，只候赴茶汤"。

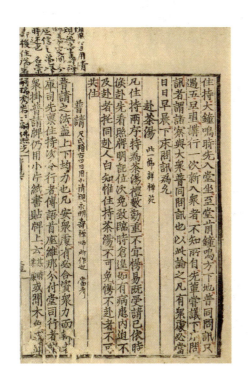

〔北宋〕宗赜《禅苑清规》茶事记载

宋代善男信女烧香拜佛，也经常以茶供佛。在助缘传道中，茶也扮演了重要角色，"茶汤会"在设斋布道中广泛举行。

宋代禅宗的核心是"直指人心，见性成佛"，与宋儒倡导的"格物致知"内在精髓颇为一致。僧徒们以茶参禅，有心向禅的文人们也以茶悟禅。如黄庭坚《题落星寺四首》（其三）诗："宴寝清香与世隔，画图妙绝无人知。蜂房各自开户牖，处处煮茶藤一枝。"朱熹《茶坂》诗："携籝北岭西，采撷供茗饮。一啜夜窗寒，跏趺谢衾枕。"曾几《东轩小室即事五首》（其四）："烹茗破睡境，炷香玩诗编。问诗谁所作，其人久沉泉。工部百世祖，涪翁一灯传。闲无用心处，参此如参禅。"正因为茶是文人与禅僧各自生活中的一件共同物品，因而它自然而然地出现在两者的交往之中。

从宋人的诗文中可以看到，佛教僧徒与文人间常有茶的来往。宋祁《答天台梵才吉公寄茶并长句》和石待举《谢梵才惠茶》诗，都是答谢天台僧梵才寄茶的。佛印和尚有《题茶诗与东坡》，释德洪有《无学点茶乞诗》，黄庭坚有《寄新茶与南禅师》，吴则礼有《携茶过智海》，都是以僧侣与文人间的茶事往来为吟咏对象的。由此可见，茶在僧徒与文人士大夫交往中被使用的频繁程度。

南宋周季常、林庭珪合绘《五百罗汉图》中的僧人吃茶情景

琴棋诗书画，经常为佛教僧徒熟练掌握，并在文人士大夫们的交往中被借用。宋代禅宗与文人们日益靠近，文人们对茶的热衷也很快使茶成为僧徒与之交往的一种重要媒介。诗僧梵才来自天台，而天台是陆羽《茶经》中出仙茗的地方。梵才在访游京城的时候，诗与他所带来的天台茶，就成了他和当时许多著名文士交往的媒介："佛天甘露流珍远，帝辇仙浆待汲迟。饮罢翛然诵清句，赤城霞外想幽期。"（宋祁《答天台梵才吉公寄茶并长句》）元祐四年（1089），苏轼第二次任职杭州。当年十二月二十七日，苏轼去游西湖北山落星院，"妙于茶事"的老友南屏谦师特意从南屏山赶去为他设茶。苏轼目睹了谦师炉火纯青的点茶技艺，品味了回味无穷的茶汤，非常感动，写下《送南屏谦师（并引）》相赠："道人晓出南屏山，来试点茶三昧手。忽惊午盏兔毛斑，打作春瓮鹅儿酒。天台乳花世不见，玉川风腋今安有？先生有意续茶经，会使老谦名不朽。"第二年十月二十六日，苏轼与醇老、全翁、元之、敦夫及其弟苏辙同游南屏寺。寺僧谦拿出他珍藏的如玉雪的奇茗，"适会三衢蔡熙之子瑶出所造墨，黑如漆。墨欲其黑，茶欲其白，物转颠倒，未知孰是？大众一笑而去"。后来苏轼虽没有诗文提到与老谦再点茶品茗，却对老谦感怀颇深，有《又赠老谦》诗："泻汤旧得茶三昧，觅句近窥诗一斑。清夜漫漫困披览，斋肠那得许悭顽。"

三、茶心逍遥

饮茶、玩茶、品茶毕竟也是放松身心、愉悦神志的事情，于是超脱尘世、心归自然的道家态度也在茶中找到了"天人合一"的寄托。"不如仙山一啜好，泠然便欲乘风飞"（范仲淹《和章岷从事斗茶歌》）；
"悠然澹忘归，于兹得解脱"（陶崇《访僧归云庵》）。道家高士多把茶事当作忘却红尘烦恼、逍遥享乐的一桩乐事。对此，白玉蟾在《水调歌头·咏茶》一词中写得很妙：

> 二月一番雨，昨夜一声雷。枪旗争展，建溪春色占先魁。采取枝头雀舌，带露和烟捣碎，炼作紫金堆。碾破香无限，飞起绿尘埃。　汲新泉，烹活火，试将来。放下兔毫瓯子，滋味舌头回。唤醒青州从事，战退睡魔百万，梦不到阳台。两腋清风起，我欲上蓬莱。

宋徽宗尊信道教，大建宫观，自称"教主道君皇帝"，在《大观茶论》序言中表达他的茶思想内核："至若茶之为物，擅瓯闽之秀气，钟山川之灵禀，祛襟涤滞，致清导和，则非庸人孺子可得而知矣；冲淡简洁，韵高致静，则非遑遽之时可得而好尚矣。"提倡品茶的精神境界为"冲淡简洁，韵高致静"，俨然是以一种道家态度来看待中国茶道的基本精神。这种思想，用于识茶自然不错，但用于治国便很消极误事了。

在宋代，与佛寺一样，道观也多择好山好水好茶之处，道士在道观周围种茶，一可供神，二可醒脑，三可招待访客，四可打理道观经济，将富余的茶换取道观用资，许多地方名茶便由此产出。武夷山冲佑观是南宋名道观，培育制作武夷茶，终成气象。

僧道出家人在传教之外，又往往成为茶艺茶道的传习人。吴则礼《同李汉臣赋陈道人茶匕诗》记录了北宋宣和年间已盛行用茶筅点茶，但陈姓道人仍用茶匙点茶，吴则礼由衷赞叹他的高超茶艺："诸方妙手嗟谁何，旧闻江东卜头陀。即今世上称绝伦，只数钱塘陈道人。宣和日试龙焙香，独以胜韵媚君王。平生底处礍盐眼，饱识斓斑翰林碗。

腐儒惯烧折脚铛，两耳要听苍蝇声。苦遭汤饼作魔事，坐睡只教渠唤醒。岂如公子不论价，千金争买都堂胯。心知二叟操钤锤，种种幻出真瑰奇。何当为我调云腴，豆饭藜羹与扫除。个中风味太高彻，问取老师三昧舌。”

道教传道方式常用神迹显灵之法，显神迹的地方，山林、闹市都有。宋代闹市中的茶坊茶肆是民众熙来攘往之处，因此常被选作道仙显灵的场所。洪迈《夷坚甲志》卷一《石氏女》中记载：

> 京师民石氏开茶肆，令幼女行茶。尝有丐者，病癞，垢污蓝缕，直诣肆索饮。女敬而与之，不取钱，如是月余，每旦，择佳茗以待。其父见之，怒不逐去，笞女。女略不介意，供伺益谨。又数日，丐者复来，谓女曰："汝能啜我残茶否？"女颇嫌不洁，少覆于地，即闻异香，亟饮之，便觉神清体健。丐者曰："我吕翁也。汝虽无缘尽食吾茶，亦可随汝所愿，或富贵或寿皆可。"女小家女，不识贵，止求长寿，财物不乏。既去，具白父母，惊而寻之，已无见矣。女既笄，嫁一管营指挥使，后为吴燕王孙女乳母，受邑号。所乳女嫁高遵约，封康国太夫人。石氏寿百二十岁。①

石氏女虽然之前满怀同情善心，不厌其烦对乞丐（吕洞宾化身）提供好茶，但因为还做不到喝掉乞丐饮剩的茶水，而未能得道成仙，却也换取了福寿双全。

又如《夷坚乙志》卷一《小郗先生》记载："李次仲与小郗先生游建康市，入茶肆，见丐者蹒跚行前，满股疮痧。"李次仲请小郗先生为他医治，小郗先生很快就将其治愈，"市人争来聚观，郗于众中

---

① 〔宋〕洪迈：《夷坚志》，中华书局，2010年，第7—8页。

逸去。李急追访之，不及矣"。这位小郗先生也是在茶肆中显示神迹。

诸如此类，茶中的道教故事大多是以神迹和善行相结合为主题的。

四、茶神崇拜

中国民间信仰体系非常庞杂，大多是农耕文明的遗存，往往从生产和生活中反映对自然、祖先、先贤崇拜的内容，是另一种人生哲学的折射。茶对人的贡献丰伟，民间常将历史上为茶作出重要贡献的人奉为茶神，茶神信仰可以说从远古的神农开始，一路走来与日俱增。宋代的茶神崇拜除历史上的神农、陆羽、诸葛亮等人外，又追加了一些茶神，主要有以下几类：

第一类是对茶叶生产贡献至伟的人，被后人奉为茶神祭祀纪念。福建从唐代起就是著名茶区，至宋代更加辉煌，建州（今福建建瓯）因为生产"北苑贡茶""北苑御焙"的龙团、凤饼而成为宋代精制茶生产中心。朝廷为表彰北苑茶园的开辟者张廷晖，对他屡加追封，至南宋又不断加封他为"美应侯""效灵润物广佑侯""济世公"，赐"恭利"匾额，敕令建恭利祠，连他的夫人范氏也因为协助丈夫植茶有功而被封为"协济夫人"。当地人也将张廷晖奉为茶神，建庙祭祀。神有协理，可谓一趣。

第二类是始于民间，说不清来历的茶神。民众以茶叶为重要收入来源的地区往往供有茶神，期以保佑。四川地区在宋代是与东南地区并肩的重要茶区，茶叶对民生和国防都具有重要意义，所以茶神信仰也很普遍，即使是民间自发建立的茶神庙祠，官方往往也不得不承认它们的合法性。

南宋理学家魏了翁的《邛州先茶记》记载了一件趣事：南宋眉州人李铿到邛州任茶官，手下小吏向他报告说，这里有新官上任三天内拜谒茶神的惯例。李铿问茶神来历，小吏说是茶神有韩王封号，但始于民间，属于口口相传，说不清来历，也未经官府批准备案列入正式礼典。善察民意的李铿认为茶是老百姓的重要生活物资，也是马政、边防的重要依赖，不能忘本，应认真对待。于是，他自筹经费扩建茶神庙祠，并得到当地茶农、茶叶经销商的支持，共同完成了这一工程。他还进一步通过州郡官府向朝廷申报茶神神迹"功状"，终于争取到朝廷赐予名号，使神祇和祭祀都成为合法的了。

第三类是共享其他神祇为茶神。宋代是海上贸易兴盛的时代。海上航行风险极大，人们把生命财产安全寄托于神灵的保佑，妈祖就应运而生，从北宋福建莆田的一位民间姑娘（姓林名默，民间称之为林默娘或默娘）演变为海上保护神。妈祖崇拜在宋代得到朝廷的高度重视，从宣和五年（1123）宋徽宗赐"顺济庙额"开始，朝廷陆续赐妈祖封号达十几次之多。在闽台地区，茶叶和茶工自然离不开海上运输，于是妈祖又成了闽台地区茶工、茶农和茶商供奉的茶神。茶神崇拜借用"天妃"妈祖始于宋，盛于元，流传至今。现在，福建仍保持"茶帮拜妈祖"的习俗，而台湾茶人也仍以妈祖为行业保护神，祭拜时称"茶郊妈祖"，祭拜日定为农历九月二十（传为茶神陆羽的生日）。

儒释道和民间信仰融入茶道文化，不仅对宋代茶饮和茶文化的推广起到了重要的推动作用，更对后世产生了深远的影响。茶道在宋王朝的发展，确立了茶文化在中国文化史上不可替代的独特地位，也为明清乃至后来中华茶道和茶文化精神真正走向市民社会奠定了厚实的基础。

琼蕊风流 QIONGRUI FENGLIU

诗性的茶艺术

　　中华之茶，既有物质的根基，又有精神的花果；既是与柴米油盐酱醋同列的生活必需，又是与琴棋书画诗酒并肩的文化雅趣。在后者，特别是与诗词和书画结下了不解之缘，成为中华文化史上的姐妹花。很多文人既爱写诗词、作书画，也喜欢喝茶品茗，由此产生的大量茶书、茶画、茶诗词，成为文人自己的人生注脚、历史文化的瑰丽组成。通过一首首茶诗词、一幅幅茶书画，我们得以还原历代文人的生活场景、风流雅趣，从而感受历史的厚度和温度。茶，也就不仅仅是有着独特香气的一片树叶，更承载了生命与情感，寄托了中华民族独特的文化品格。

一、诗学意象

　　咏茶诗歌至宋代与茶文化兴盛同步，形成了一个高潮，咏茶的诗人和诗歌，无论前朝后朝都无可比拟。据黄杰《两宋茶诗词与茶道》（浙江大学出版社 2021 年版）统计，《全宋诗》（北京大学出版社 1991—1998 年版）共收录了茶诗 4503 首、茶诗人 836 位，加上其他文献辑补的茶诗 303 首、茶诗人 170 位，共有茶诗 4800 余首、茶诗人 1000 余位，《全宋词》（唐圭璋编，中华书局 1965 年版）收录了茶词 87 首、茶词人 53 位，可谓洋洋大观。茶词虽然远少于茶诗，但宋代很多著名词人如苏轼、黄庭坚、秦观、李清照、张元幹、胡铨、陆游、杨万里、辛弃疾、刘克庄、吴文英、周密等都有咏茶佳作留世。

宋代茶诗创作的第一个高峰是真宗、仁宗时期。这个时期既是朝廷重臣又是爱茶者的丁谓、蔡襄、范仲淹都创作了不少茶诗。丁谓和蔡襄，对北苑贡茶的采摘、制作、试茶等环节都用诗加以精准细致地描写。如丁谓的《北苑焙新茶》，把早春采茶写得十分鲜活："才吐微茫绿，初沾少许春。散寻萦树遍，急采上山频。宿叶寒犹在，芳芽冷未伸。茅茨溪口焙，篮笼雨中民。"早春采茶有力地保证了北苑龙茶的甘鲜。

蔡襄的诗歌同样如此，如其《造茶》诗："屑玉寸阴间，抟金新范里。规呈月正圆，势动龙初起。焙出香色全，争夸火候是。"《试茶》："兔毫紫瓯新，蟹眼清泉煮。雪冻作成花，云闲未垂缕。愿尔池中波，去作人间雨。"只有行家里手才能写得如此生动贴切。前文介绍过的范仲淹《和章岷从事斗茶歌》是这个时期茶诗创作的一个巅峰：歌行体，行云流水，跌宕摇曳，叙事、抒情、描写、议论，自由奔放、热闹活泼、风趣幽默，画面感极强。

宋代诗文革新运动又促成了一个茶诗创作的繁荣期。领军人物欧阳修、梅尧臣等大写茶诗，互相唱和，非常热闹。欧阳修有《尝新茶呈圣俞》：

> 建安三千里，京师三月尝新茶。
>
> 人情好先务取胜，百物贵早相矜夸。
>
> 年穷腊尽春欲动，蛰雷未起驱龙蛇。
>
> 夜闻击鼓满山谷，千人助叫声喊呀。
>
> 万木寒痴睡不醒，惟有此树先萌芽。
>
> 乃知此为最灵物，宜其独得天地之英华。
>
> 终朝采摘不盈掬，通犀铐小圆复窊。

鄙哉谷雨枪与旗，多不足贵如刈麻。

建安太守急寄我，香蒻包裹封题斜。

泉甘器洁天色好，坐中拣择客亦嘉。

新香嫩色如始造，不似来远从天涯。

停匙侧盏试水路，拭目向空看乳花。

可怜俗夫把金锭，猛火炙背如虾蟆。

由来真物有真赏，坐逢诗老频咨嗟。

须臾共起索酒饮，何异奏雅终淫哇。

诗人的思绪十分活跃，联想丰富，采茶的场面、造茶的程序、斗茶的氛围、点茶的情趣、品茶的欣娱等等无不呈现于笔下，其画面感让人如临其境，分享其乐。而梅尧臣善用古风，铺张恣肆，所写《次韵和永叔尝新茶杂言》，完全用欧阳修《尝新茶呈圣俞》的原韵，却丝毫不让人觉得牵强，酣畅淋漓又轻松幽默，与欧诗可谓珠联璧合：

自从陆羽生人间，人间相学事春茶。

当时采摘未甚盛，或有高士烧竹煮泉为世夸。

入山乘露掇嫩觜，林下不畏虎与蛇。

近年建安所出胜，天下贵贱求呀呀。

东溪北苑供御余，王家叶家长白芽。

造成小饼若带銙，斗浮斗色顶夷华。

味久回甘竟日在，不比苦硬令舌窊。

此等莫与北俗道，只解白土和脂麻。

欧阳翰林最别识，品第高下无欹斜。

晴明开轩碾雪末，众客共赏皆称嘉。

建安大守置书角，青蒻包封来海涯。

清明才过已到此，正见洛阳人寄花。

兔毛紫盏自相称，清泉不必求虾蟆。

石瓶煎汤银梗打，粟粒铺面人惊嗟。

诗肠久饥不禁力，一啜入腹鸣咿哇。

　　梅、欧的一些小诗写得也很隽永，如梅尧臣的《颖公遗碧霄峰茗》《春贡亭》等。在梅尧臣的茶诗中还有一首反映当时社会弊端的诗，题为《闻进士贩茶》，反映当时私茶猖獗，乃至进士也不顾廉耻，贩私茶牟利："山园茶盛四五月，江南窃贩如豺狼。顽凶少壮冒岭险，夜行作队如刀枪。浮浪书生亦贪利，史筒经箱作盗囊。津头吏卒虽捕获，官司直惜儒衣裳。"

　　神宗、哲宗时期，出现了宋代最活跃的茶诗创作群体。苏轼成为文坛领袖，周围有苏辙、黄庭坚、秦观、张耒、晁补之、陈师道、米芾等一大批文人学士，还有方外之士参寥子、惠洪、佛印（了元）、辩才等，形成了一个很大的茶文化圈子。

　　苏轼的茶诗诸体兼备，五古、七古、五律、七律、五绝、七绝都有。其内容也大有拓展，不仅写出用名泉、煎名茶、把名器、享名士的精神享受，也借茶表达了自己的生活态度、审美意趣等。苏轼和别的达官贵人不同，他是亲自种过茶的，尝试过各种煎煮冲点方法，品尝过各地各种茶品，使用过不同器具。他的茶生活是最为丰富多彩的。苏轼是宋代真正茶人的代表，他的诗或大气，或清新俊雅，既显得厚重典实，又不失活泼自然。苏轼的代表作之一，也是最长的一首茶诗叫《寄周安孺茶》，五言古风，120句，洋洋洒洒，从茶的源头写来，到自己接触龙团凤饼，了解采摘、制作的过程，其品质的不一，品赏过程的美妙，最后归结到自己对生活随遇而安的态度等，足见苏轼对茶的喜爱之深。苏轼还有很多有关茶事、茶艺的诗词佳作，有一些茶诗表现了他对当

〔南宋〕佚名《人物图》

朝茶政弊端的批评、对茶农的同情，如《荔支叹》一诗前半部分铺陈
唐朝进贡荔枝、佞臣媚上害民的前车之鉴，然后笔锋直指当朝贡茶之
事，并指名道姓地批评权臣丁谓和蔡襄，告诫朝廷不应重蹈唐代覆辙，
表现了苏轼的耿介性格和爱民精神：

> 我愿天公怜赤子，莫生尤物为疮痏。
>
> 雨顺风调百谷登，民不饥寒为上瑞。
>
> 君不见武夷溪边粟粒芽，前丁后蔡相笼加。
>
> 争新买宠各出意，今年斗品充官茶。
>
> 吾君所乏岂此物，致养口体何陋耶？

洛阳相君忠孝家，可怜亦进姚黄花。

　　苏轼周围的文士大多爱茶，也都有茶诗唱和，其中黄庭坚最为突出。黄庭坚家乡就是著名的双井茶的产地洪州分宁（今江西修水），北宋名相富弼曾称他为"分宁一茶客"。黄庭坚在诗词书法等方面与苏轼并称"苏黄"。黄庭坚一生嗜茶，曾以茶代酒二十年。他的咏茶诗词达64首，其中茶诗53首，茶词11首，数量在北宋作家中名列首位。黄庭坚对家乡的双井茶十分钟爱，大加推崇，也因此使双井茶名声大振："万仞峰前双井坞，婆娑曾占早春来。"（《公择用前韵嘲笑双井》）"我家江南摘云腴，落硙霏霏雪不如。"（《双井茶送子瞻》）"家山鹰爪是小草，敢与好赐云龙同。不嫌水厄幸来辱，寒泉汤鼎听松风。"（《答黄冕仲索煎双井并简扬休》）

　　除了极力赞扬家乡茶，黄庭坚写得比较多的是和朋友唱和的茶诗。他不太重视写点茶场面、品饮过程，而是更注重写朋友之间以茶为媒介的真挚情谊。他文笔诙谐，流露出率真、洒脱的性格和朋友间的真诚情谊。《谢送碾赐壑源拣芽》诗，写的是黄庭坚在任校书郎时，获李邦直所送之茶，他用诙谐幽默的文字记录了这件事：

矞云从龙小苍璧，元丰至今人未识。
壑源包贡第一春，缃奁碾香供玉食。
睿思殿东金井栏，甘露荐碗天开颜。
桥山事严庀百局，补衮诸公省中宿。
中人传赐夜未央，雨露恩光照官烛。
右丞似是李元礼，好事风流有泾渭。
肯怜天禄校书郎，亲敕家庭遣分似。
春风饱识太官羊，不惯腐儒汤饼肠。

搜搅十年灯火读，今我胸中书传香。

已戒应门老马走，客来问字莫载酒。

　　诗中开玩笑说自己如果总是品尝"大官羊"般美味的佳茗，以后还怎么能习惯以汤饼为食的腐儒生活呢？其中蕴藏着爱茶人的多少感慨。

　　黄庭坚有的茶诗颇有禅意。江西是南宗禅的圣地，而其出生地今江西修水，位于洪州境内，是洪州禅的主要传播地区。黄庭坚对禅和茶事都是比较熟悉的，他的《寄新茶与南禅师》写道：

筠焙熟香茶，能医病眼花。

因甘野夫食，聊寄法王家。

石钵收云液，铜瓶煮露华。

一瓯资舌本，吾欲问三车。

　　诗中说茶用上"石钵""铜瓶"这类简单质朴的禅门器皿，才算得上是仙界玉露，而"三车"是典型的佛门术语，三车喻三乘（声闻乘、缘觉乘、菩萨乘），羊车喻声闻乘，鹿车喻缘觉乘，牛车喻菩萨乘。宋代司马光《戏呈尧夫》诗说"近来朝野客，无座不谈禅"，黄庭坚这首诗正反映了当时上层社会士大夫们的生活常态和情趣。

　　至南宋，饮茶风气毫未消歇，到陆游、范成大、杨万里、周必大等人又达到一个新高峰。陆游是其中的代表人物。

　　生长在浙江茶乡的陆游，一生爱国、爱诗、爱茶。他到过四川、江西、福建，有机会赏天下名山，品天下名茶。他还当过十年茶官，四任武夷山的冲佑观提举，对茶有特殊的感情。陆游被称为宋代的"小李白"，他的诗集《剑南诗稿》收诗 9300 多首，其中茶诗就有 300 多首，为历代咏茶诗人之冠。

陆游是爱国诗人，念念不忘的是山河破碎，卫国戍边，"夜阑卧听风吹雨，铁马冰河入梦来"（《十一月四日风雨大作》），"死去元知万事空，但悲不见九州同。王师北定中原日，家祭无忘告乃翁"（《示儿》）。同时，他又是热爱田园生活的人，作为陆羽的九世孙，常自诩："桑苎家风君勿笑，它年犹得作茶神。"（《八十三吟》）"我是江南桑苎家，汲泉闲品故园茶。只应碧缶苍鹰爪，可压红囊白雪芽。"（《过武连县北柳池安国院煮泉试日铸顾渚茶院有二泉皆甘寒传云唐僖宗幸蜀在道不豫至此饮泉而愈赐名报国灵泉云》）诗注："日铸贮以小瓶，蜡纸丹印封之。顾渚贮以红蓝缣囊。皆有岁贡。"

从体裁上看，从北宋时期以古风为主，到陆游的茶诗转为多写近体绝句和律诗，因为主要是借以抒怀，不需铺陈叙事和场面描写。他的茶诗，风神独秀，格调清雅，具有超凡脱俗的境界。其实这也是陆游壮志难酬、报国无门，以茶的沉静、淡泊求得精神解脱的无奈："饭囊酒瓮纷纷是，谁赏蒙山紫笋香。"（《效蜀人煎茶戏作长句》）"雪液清甘涨井泉，自携茶灶就烹煎。一毫无复关心事，不枉人间住百年。"（《雪后煎茶》）"卧石听松风，萧然老桑苎。"（《幽居即事》）"梦回茗碗聊须把，自扫桐阴置瓦炉。"（《睡起》）"活火静看茶鼎熟，清泉自注研池宽。人生乐处君知否？万事当从心所安。"（《初春感事》）

陆游有不少写自己和家人、朋友、乡邻茶叙，反映纯朴的亲情、乡情、友情的诗："平生万事付天公，白首山林不厌穷。一枕鸟声残梦里，半窗花影独吟中。柴荆日晚犹深闭，烟火年来只仅通。水品茶经常在手，前身疑是竟陵翁。"（《戏书燕几》）"围坐团栾且勿哗，饭余共举此瓯茶。粗知道义死无憾，已迫耄期生有涯。小圃花光还满眼，高城漏鼓不停挝。闲人一笑真当勉，小榼何妨问酒家。"（《啜茶示儿辈》）"时时邻曲来，尚不废笑谑。青灯耿窗户，设茗听雪落。不饤栗与梨，

犹能烹鸭脚。"（《听雪为客置茶果》）

陆游自小常住在绍兴会稽山的云门寺，那本就是茶乡，不仅盛产日铸茶，还有丁坑白雪茶、兰亭花坞茶等。绍兴几个著名的茶市中，平水镇的茶市规模最大。陆游早先所见所啜的是日铸茶，为当时家乡名茶，外出时也随身携带，得名泉才拿出来冲泡。他赞家乡茶是"囊中日铸传天下，不是名泉不合尝"（《三游洞前岩下小潭水甚奇取以煎茶》）。

嗜茶如命的陆游，喜爱家乡绿茶，也酷爱天下名茶，得各地佳茗必品之、诗之、誉之。他以诗记述的中国名茶，许多为陆羽的《茶经》所未有，因而大大丰富了中国茶的记载。他的茶诗，自然成了茶史，更有人把他的茶诗作为《茶经》的"续篇"，为后来探索宋代的茶文化留下了丰富的宝贵资料。如，他赞长兴顾渚茶："焚香细读斜川集，候火亲烹顾渚茶"（《斋中弄笔偶书示子聿》）；颂湖北茱萸茶："峡人住多楚人少，土铛争响茱萸茶"（《荆州歌》）；对比峨眉雪芽茶和湖州紫笋茶："雪芽近自峨眉得，不减红囊顾渚春"（《同何元立蔡肩吾至东丁院汲泉煮茶》）。

陆游对闽中建茶情有独钟，特别喜好。陆游早年嗜酒，自称平生有四嗜：诗、客、茶、酒。54岁那年，入福建任提举于采茶事，当了茶事官后，宁可舍酒取茶，直至晚年"平生长物扫除尽，犹带笔床茶灶来"（《闲游》），爱茶之深，始终不渝。

建茶是当时全国闻名的贡茶，古代茶史上的"龙团凤饼"以建茶最为出名。陆游由于任职茶事官，不仅对公卖茶要严加管理以增加国家收入，而且常亲身试茶，不敢怠慢，自己也在问茶中得到安慰："北窗高卧鼾如雷，谁遣香茶挽梦回。绿地毫瓯雪花乳，不妨也道入闽来。"（《试茶》）

陆游对本家茶圣陆羽充满崇敬和仰慕，并引以为傲，说自己要发扬家风："水品茶经常在手，前身疑是竟陵翁。"（《戏书燕几》）

于是，从诗人到茶人，进而向往做茶神。晚年不再从事政务活动的陆游，更是专心于茶诗之中："石帆山下白头人，八十三回见早春。自爱安闲忘寂寞，天将强健报清贫。枯桐已爨宁求识，弊帚当捐却自珍。桑苎家风君勿笑，它年犹得作茶神。"（《八十三吟》）

陆游爱茶嗜茶，熟谙烹饮之道。他虽然没有来得及续写《茶经》，但他诗词中所包含的茶文化，以诗记述的名茶，足以构成一部新《茶经》。

杨万里与陆游、尤袤、范成大并称为南宋"中兴四大诗人"，他的茶诗也比较多，而且体裁多样。其《澹庵坐上观显上人分茶》是描写分茶艺术最形象的一首诗，被广为关注：

分茶何似煎茶好，煎茶不似分茶巧。
蒸水老禅弄泉手，隆兴元春新玉爪。
二者相遭兔瓯面，怪怪奇奇真善幻。
纷如擘絮行太空，影落寒江能万变。
银瓶首下仍尻高，注汤作字势嫖姚。
不须更师屋漏法，只问此瓶当响答。
紫微仙人乌角巾，唤我起看清风生。
京尘满袖思一洗，病眼生花得再明。
汉鼎难调要公理，策勋茗碗非公事。
不如回施与寒儒，归续茶经传衲子。

宋代茶诗作者还有一个重要的群体，那就是佛门诗人。他们既是禅门高僧，又是博雅文士。他们的茶诗数量可观，文采斐然，意境独到。曾写过《颂古集》的重显和尚，有不少茶诗。如《谢郎给事送建茗》："陆羽仙经不易夸，诗家珍重寄禅家。松根石上春光里，瀑水烹来斗百花。"《送新茶》诗二首："元化功深陆羽知，雨前微露见枪旗。

诗性的茶艺术

43

收来献佛余堪惜，不寄诗家复寄谁？""乘春雀舌上高名，龙麝相资笑解醒。莫讶山家少为送，郑都官谓草中英。"情趣与文人骚客十分相得。与苏轼文人圈过从甚密的诗僧有道潜、佛印、辩才、惠洪等，其中道潜与苏轼最相知。苏轼在黄州时，有一天在梦里见到道潜携一轴新作的饮茶诗来见他，他醒后只记得其中两句："寒食清明都过了，石泉槐火一时新。"苏轼在梦中问道潜："火固新矣，泉何故新？"道潜回答说："俗以清明日淘井。"七年后，苏轼出知杭州，而道潜所住的智果院有泉水从石缝间流出，用来煎茶非常好。寒食节的第二天，苏轼泛湖来见道潜，道潜用石泉之水煎黄檗茶招待他，两人不由得感叹此时情景正合苏轼七年之前所梦的诗句和问答。可见道潜与苏轼相知之深，如诗如茶般美好。事后，苏轼续成其诗，并撰写了《梦寐》《应梦记》。

惠洪是位极有才情的诗僧，和苏轼、黄庭坚都有很深的交情。他的《崇仁县与思禹闲游小寺啜茶闻棋》写得也很有情致："平生阅世等虚舟，临汝重来又少留。携弟来逃三伏暑，入门拾得一轩秋。隔墙昼永闻棋响，阴屋凉生见树幽。又值能诗王主簿，饭余春露啜深瓯。"

宋代除了有大量的茶诗，还有很多茶词。诗、词、茶交相辉映，雅意无限。词为音乐文学，是用来演唱的。宋代文人的宴会十分高雅，喝酒时有侑酒词，酒后品茶要有茶词，茶后进汤要有汤词。黄庭坚《阮郎归·茶词》说的就是此种情景：

歌停檀板舞停鸾，高阳饮兴阑。兽烟喷尽玉壶干，香分小凤团。 雪浪浅，露珠圆，捧瓯春笋寒。绛纱笼下跃金鞍，归时人倚栏。

苏轼的茶词写得最为大气，他有一首《行香子》：

绮席才终，欢意犹浓。酒阑时、高兴无穷。共夸君赐，初拆臣封。看分香饼，黄金缕，密云龙。　　斗赢一水，功敌千钟。觉凉生、两腋清风。暂留红袖，少却纱笼。放笙歌散，庭馆静，略从容。

词注："密云龙，茶名，极为甘馨。宋廖正一，字明略，晚登苏东坡之门，公大奇之。时黄、秦、晁、张号苏门四学士。东坡待之厚，每来，必令侍妾朝云取密云龙。家人以此知之。一日，又命取密云龙，家人谓是四学士，窥之，乃廖明略也。"苏轼与朋友共同品赏了皇帝所赐的密云龙茶，在斗茶欢饮之后，也流露出在世态炎凉感喟之余的从容态度。"暂留红袖，少却纱笼"，是用魏野的故事以抒怀。

据清代潘永因《宋稗类钞》卷二〇记载，宋代蜀人魏野隐居，不乐仕宦，以诗著名于世。他卜居陕州东门之外，曾随被贬赴任陕州知州的寇准游当地的一座僧舍，各有留题。后来他们又一起重游旧地，见寇准之诗已用碧纱笼罩护，而魏野的诗在墙壁上布满灰尘。当时有个随行的官妓很机灵，赶紧用衣袖去拂灰尘。魏野随口吟了一句："若得常将红袖拂，也应胜似碧纱笼。"寇准听了哈哈大笑。魏野还曾写诗劝寇准归隐："好向上天辞富贵，却来平地作神仙。"苏轼在词中用此典故，有着很深的用意。

黄庭坚的茶词比较多，情味也很浓，如其《品令·茶词》：

凤舞团团饼。恨分破、教孤令。金渠体净，只轮慢碾，玉尘光莹。汤响松风，早减了、二分酒病。　　味浓香永。醉乡路、成佳境。恰如灯下，故人万里，归来对影。口不能言，心下快活自省。

刘熙载在《艺概》里说人人心中有之而未能道之。黄庭坚就善于把人们日常生活中能意会而难以言传的细微感受，表达得十分生动具体，巧妙贴切而耐人品味。

黄庭坚和米芾都以《满庭芳》词牌写过龙团凤饼，异曲同工，堪称双璧。黄庭坚把"琼蕊风流"写得颇有豪气：

> 北苑龙团，江南鹰爪，万里名动京关。碾深罗细，琼蕊暖生烟。一种风流气味，如甘露、不染尘凡。纤纤捧，冰瓷莹玉，金缕鹧鸪斑。　相如方病酒，银瓶蟹眼，波怒涛翻。为扶起，尊前醉玉颓山。饮罢风生两腋，醒魂到、明月轮边。归来晚，文君未寝，相对小窗前。

米芾则莺莺燕燕，其《满庭芳》婉约道来，另有一般风情：

> 雅燕飞觞，清谈挥麈，使君高会群贤。密云双凤，初破缕金团。窗外炉烟似动，开瓶试、一品香泉。轻淘起，香生玉乳，雪溅紫瓯圆。　娇鬟宜美盼，双擎翠袖，稳步红莲，坐中客翻愁，酒醒歌阑。点上纱笼画烛，花骢弄、月影当轩。频相顾，余欢未尽，欲去且留连。

北宋后期的词人中爱茶并且写了一些茶词的词人还有毛滂、陈师道、释惠洪等。如天雨新晴，孙使君宴客双石堂，遣官奴试小龙茶。毛滂《摊破浣溪沙》对此很有情致地描写道：

> 日照门前千万峰，晴飙先扫冻云空。谁作素涛翻玉手，小团龙。　定国精明过少壮，次公烦碎本雍容。听讼阴中

苔自绿，舞衣红。

释惠洪的《浣溪沙·送因觉先》也写得十分清新，不注明很难看出是出自佛门的作品：

> 南涧茶香笑语新，西洲春涨小舟横。困顿人归烂漫晴。
> 天迥游丝长百尺，日高飞絮满重城。一番花信近清明。

二、散文气象

宋代散文也是中国古代散文史的高峰。唐宋八大家，六大家是北宋人。宋代茶事在散文中也颇具气象，但总的看，不及诗词丰富多彩。

宋代有关茶的文章中数量最多的是一些奏议、札子之类的应用文，文学性不强。文学性比较强的主要有两类作品：一是写名茶名水和歌咏茶事的散文；二是保存于宋人笔记里的一些小品、小说。

以赋名篇的散文有北宋初吴淑的《茶赋》、北宋中期梅尧臣的《南有嘉茗赋》、北宋中后期黄庭坚的《煎茶赋》、南宋王十朋的《会稽风俗赋·茶赋》、南宋后期方岳的《茶僧赋》、宋末元初俞德邻的《荈茗赋》等。这些赋文采斐然，或是掇拾旧典，亦赞亦歌，或是另有寄托，借以抒怀，或是主客问答，以发嘲谑。

梅尧臣的《南有嘉茗赋》对当时社会的奢靡之风批评中寓含忧虑：

> 南有山原兮不凿不营，乃产嘉茗兮嚣此众氓，土膏脉动

兮雷始发声，万木之气未通兮此已吐乎纤萌。一之日雀舌露，
掇而制之以奉乎王庭。二之日鸟喙长，撷而焙之以备乎公卿。
三之日枪旗耸，搴而炕之将求乎利赢。四之日嫩茎茂，团而
范之来充乎赋征。当此时也，女废蚕织，男废农耕，夜不得
息，昼不得停，取之由一叶而至一掬，输之若百谷之赴巨溟。
华夷蛮貊固日饮而无厌，富贵贫贱不时啜而不宁。所以小民
冒险而竞鬻，孰谓峻法之与严刑。呜呼，古者圣人为之丝枲绨
绤而民始衣，播之禾黍菽粟而民不饥，畜之牛羊犬豕而甘脆不
遗，调之辛酸咸苦而五味适宜，造之酒醴而宴飨之，树之果
蔬而荐羞之，于兹可谓备矣，何彼茗无一胜焉而竞进于今之时。
抑非近世之人，体惰不勤，饱食粱肉，坐以生疾，借以灵荈
而消腑胃之宿陈？若然，则斯茗也不得不谓之无益于尔身，
无功于尔民也哉。[①]

黄庭坚的《煎茶赋》对各种茶加以品评，对瀹茶之法论其得失，
对品饮体味作真切描绘。其中时有佳句，让人击节，如形容点茶的情景：
"泫泫乎如涧松之发清吹，皓皓乎如春空之行白云。"形容饮茶后的
美妙状态，可谓状难写之境于目前，留不尽之意于言外："乃至中夜，
不眠耿耿。既作温剂，殊可屡歃。如以六经，济三尺法。虽有除治，
与人安乐。宾至则煎，去则就榻。不游轩后之华胥，则化庄周之蝴蝶。"

茶，离不开水，而水又大多在风景佳胜之处，所以文人们比较喜
欢写关于水（尤其是泉）一类的文章，如：叶清臣《述煮茶泉品》，
丘荷《御泉亭记》，欧阳修《浮槎山水记》，苏轼《琼州惠通泉记》《书

---

① 〔宋〕梅尧臣著，朱东润编年校注：《梅尧臣集编年校注》，上海古籍出版社，
1980年，第1151—1152页。

卓锡泉》，李昭玘《记白鹤泉》，等等。一方面，唐人已开评水之风，人们认为评水和评茶都是雅事，不可或缺；另一方面，各地的好水好泉，可以兼及此地风物，写来殊有情致。如欧阳修《浮槎山水记》：

> 夫穷天下之物无不得其欲者，富贵者之乐也。至于荫长松、藉丰草，听山溜之潺湲，饮石泉之滴沥，此山林者之乐也。而山林之士视天下之乐，不一动其心。或有欲于心，顾力不可得而止者，乃能退而获乐于斯。彼富贵者之能致物矣，而其不可兼者，惟山林之乐尔。①

描写山水之乐，自然恬淡，有十足的潇洒意趣。李昭玘《记白鹤泉》寄寓了许多人生感慨，令人不禁联想到柳宗元的《永州八记》。所记的白鹤亭位于徐州，为苏轼所发现，但北人不甚懂茶，所以此泉不为人所重，竟落得如此景况：

> 斯泉也，弃于路隅，人足罕至，雨潦浸灌，牧儿馌妇，驱牛马，负瓮盎饮，濯其旁。七月、八月之间，草深苔滑，蜗螺鳅鲋，曳泅自得。道上行旅，渴不得尝。岁时游人，过者既乏瓶缏，一照眉发而去。蒙烟坠露，涵沙浮梗，以寒冽自持，而不能争名于瓯鼎之间，良可悲也。②

此外，还有些杂记之类的说茶文章。如唐庚的《斗茶记》，从斗茶说起，发前人所未发之论，颇有哲理。魏了翁的《邛州先茶记》也

---

① 〔宋〕欧阳修著，洪本健校笺：《欧阳修诗文集校笺》，上海古籍出版社，2009年，第1032页。
② 〔宋〕李昭玘：《乐静集》卷五，文渊阁《四库全书》本。

是一篇奇文。开端似是文字训诂之学,辨"茶"始于"荼"之演变之迹;继而从古无禁榷,到今世与民争利,对榷茶之政大加挞伐:"国虽赖是以济,民亦因是而穷。冒禁抵罪,剽吏御人,无时无之。甚则阻兵怙强,候时为乱,是安得不思所以变通之乎?"

苏轼的《叶嘉传》是宋代茶文中的一朵奇葩,文采飞扬,寓意深刻,手法新颖,语言犀利,感喟深切。叶嘉之名源于陆羽《茶经》"茶者,南方之嘉木"。作者将茶叶拟人化,全篇无一"茶"字,却处处让人联想到茶。在《叶嘉传》里,作者不再视"佳茗如佳人",也不视茶为文弱书生,而是把茶写成很有男子气概、生性耿直的"清白之士"。《叶嘉传》的核心思想是赞颂茶的重要贡献和茶人精神。文章蕴含了丰富的茶文化知识,阐述了茶的来龙去脉,讲述了唐代陆羽和《茶经》的突出贡献,更是神奇地描述了北苑贡茶的采摘、制作、品质、饮法等各个环节与特色,将宋代点茶法、北苑茶和宋代茶文化展现得淋漓尽致,令人意犹未尽、回味无穷。

宋代茶文还有一类为释家独有,就是茶榜。寺院茶事,例有榜文,述茶事所由,本是例行公文,不过有些如释惠洪、释居简等人写的榜文运用骈体,音韵铿锵,文辞精美,文学色彩浓郁。

宋代茶散文值得重视的还有一些笔记小说中的短小文章。笔记小说自刘义庆的《世说新语》以来,就比较受文人喜爱。宋代文人尤其喜欢作笔记小说,一些表现文人生活情趣的遗闻琐事、表现社会风俗的故事传奇等,都能从一个方面鲜活地描绘出人心世情,很有文学乃至文化学的价值。其中有不少涉茶的内容,不乏精彩之笔。比如罗大经《鹤林玉露》,记载私茶贩卖集团的头目侥幸脱身的故事,就从一个侧面反映了榷茶带来的社会问题多么严重,私茶泛滥,私茶贩卖者与官军公然武装对抗。欧阳修《归田录》记有大书法家蔡襄为其书《集古录目序》书写刻石,其字极其精劲。欧阳修得到后非常高兴,竟以大小龙茶、惠山泉水、鼠须栗尾笔、铜绿笔格等物为润笔。蔡襄见后大笑，"以为太清而不俗"。一月后，有人送给欧阳修清泉、香饼一箧，蔡襄听到这个消息后，感叹地说："香饼来迟，使我润笔犹无此一种物。"其实，这里的"香饼"是石炭，用以焚香，一饼之大可终日不灭。苏轼的奇闻逸事更是在不少笔记小说集里有收录，比如与司马光论茶墨，与客论饮食，在王诜府里"大家都吃大家茶"的故事等。宋代祝穆《古今事文类聚续集》卷一二《香茶部·北苑贡茶始末》，记北宋宣和年间福建路转运判官、龙图阁直学士郑可简因进献贡茶得宠的故事等，读来都饶有趣味，发人深思。

三、书画景象

以茶入画是茶文化和书画艺术的结合，在中华茶文化中占据重要的地位。宋代处在封建社会的一个转型时期，经济、社会、文化等形态都发生了明显的变化。宋代的文化品格和唐代以前迥然不同。总的趋势是文化逐渐走向文人化、世俗化、市井化，其基本面貌是世俗的，同时又是雅俗共赏的。宋代绘画最能体现这种变化的是题材的扩大，无论是山水、花鸟、人物画，都和世俗生活结合得更为紧密了。

宋代以茶为题材的画作不少，但有些已经只有存目，没有存世作品了。例如清代姚际恒《好古堂家藏书画记》著录的《魏处士诗意图》，如今已经失传。还有南宋画院画家李唐《月团初碾瀹花瓷》，史显祖《斗茶图》《陆羽品泉图》，吴炳《茗花图》，乔仲山《火龙烹茶图》，等等，都在《南宋院画录》等著作中有记载，可惜现在都找不到了。这说明宋代以茶为题材的绘画数量是不少的，茶是画家们喜爱的一个题材。

从现存的以茶为题材或者有点茶、斗茶、品茶等内容的画作中，我们可以更形象地感知宋人的茶事活动以及所表现出的社会状态、生活情趣和审美取向等。这些作品大体可以分成两部分：一部分是反映文人茶事活动的，一部分是反映市井茶事活动的。前者以雅为主，后者以俗为主。反映文人茶事活动的作品有宋徽宗赵佶《文会图》、李公麟《西园雅集图》、刘松年《撵茶图》、钱选《卢仝烹茶图》等。

宋徽宗一生爱茶、懂茶，精于点茶，亲著《大观茶论》。他又精于绘画，可谓画院派的高手，所以他的《文会图》应该是最精准地表现了宋代文人茶会的情况：巨大的茶案上有茶和丰盛的茶点。文士们围席而坐，相互交谈。茶案之后，花树间又设一桌，上置香炉与琴。画面下方几旁，侍者候汤、点茶、分酌和奉茶，各司其职。此画是精于茶道的宋徽宗对于宋代龙凤团茶点法和品饮环境的生动写照。画面右上御题："题

《文会图》中的宫中茶饮场景

文会图：儒林华国古今同，吟咏飞毫醒醉中。多士作新知入彀，画图犹喜见文雄。"徽宗用十八学士登瀛洲之典自比唐太宗。左上有蔡京和诗："明时不与有唐同，八表人归大道中。可笑当年十八士，经纶谁是出群雄。"赞扬宋朝更胜唐朝。这其实是奉承皇帝的话，是从朝廷立场看文士茶会，将之作为笼络文人的手段而已。

李公麟《西园雅集图》描绘的是一次规模比较大的文人聚会，一时巨公伟人雅集于此，可谓文坛盛事。在此图中，一个相当突出的位置，画的是茶台。米芾《西园雅集图记》中说："水石潺湲，风竹相吞，炉烟方袅，草木自馨。人间清旷之乐，不过于此。嗟乎！汹涌于名利之域而不知退者，岂易得此耶！""炉烟方袅"，显然是说煮茶之事。把品茶作为雅集活动中不可缺少的一项，是清旷之乐的必有之义。其后仿者，也都把茶事当作画面的重要内容来描绘。如刘松年、仇英等人的作品，就是继承原图的内涵元素，以茶作为文人雅士的清思之助，必须有之。

刘松年是南宋著名的宫廷画家，在南宋四大画家中，他画的茶事图最多。现在还可以见到的就有《卢仝烹茶图》《撵茶图》《茗园赌市图》

〔南宋〕刘松年《撵茶图》

〔北宋〕李公麟《西园雅集图》（局部）

《斗茶图》等。他的《撵茶图》是表现文人雅集活动的，这幅作品中更突出了茶事活动，画面的一半用来表现磨茶、注汤的情景。画面左半幅画的是两个侍者专心茶事：一个坐在条形的矮几上面，手执茶磨的转柄正在磨茶，神情专注，动作舒展，看来是训练有素的；另一人站在一方桌边上，左手拿着茶盏，右手拿着汤瓶，正在做注汤的动作。桌子上所放置的茶具有茶盆、茶杓、茶盏、盏托、茶筅、茶盒等，旁边一张小方几，上置风炉，炉上有一带盖儿茶镀正在煮水。这里把宋代的茶具和点茶的主要程序都描绘得很具象。画面的右半幅画的是三个参加雅集的人：一个僧人正在案前挥毫泼墨，不知是写还是画；对面和右手边坐着两位文士，一着冠，一免冠，神情闲雅，仿佛正在欣赏和尚的书画。两边结合起来，把文人雅集和茶事活动的关系交代得十分清楚，相得益彰。

刘松年的《卢仝烹茶图》，文献多有著录。明代都穆《铁网珊瑚》卷四记载了此画的题跋："玉川子嗜茶，见其所赋茶歌，松年图此，

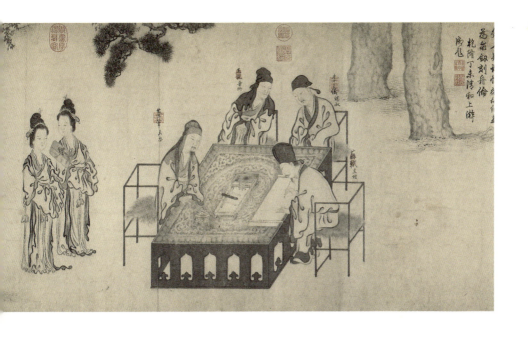

所谓破屋数间,一婢赤脚,举扇向火,竹炉之汤未熟,而长髯之奴复负大瓢出汲。玉川子方倚案而坐,侧耳松风,以俟七碗之入口,可谓妙于画者矣。"都穆精确地把此画的境界以及构图等都描述出来了。在山石嶙峋、松柏交荫的幽深坡谷之地,数间不蔽风日的破屋之中,玉川子和赤脚老婢、长髯老奴为伴而不改其乐,只是饮茶读书,超脱

〔南宋〕刘松年《卢仝烹茶图》

〔宋末元初〕钱选《卢仝烹茶图》

凡俗，就像五柳先生陶渊明一样。这是文人们的一种精神境界、一种追求。宋末元初画家钱选也有《卢仝烹茶图》，画面正中那头顶纱帽、身着白色长袍、席地而坐的是卢仝。其神态姿势，似在指点侍者如何烹茶。一侍者着红衣，手持纨扇，正蹲在地上给茶炉扇风；另一侍者旁立，其态甚恭。画面上芭蕉、湖石点缀，环境幽静可人。此画中的卢仝境况比刘松年所绘的要好得多，可是思想境界不如刘画。

表现市井风俗的茶画是另一种风貌。因为茶在宋代是全民饮品，所以下层人士也多嗜茶，亦受上层的影响喜欢点茶、斗茶。在传世名作《清明上河图》中，就有很多临河临街的茶坊，喝茶的人显得十分悠闲，方桌、条凳干干净净。码头边上的茶坊，虽不奢华，但很宽敞。

刘松年的另一茶画杰作《茗园赌市图》更是生动地表现了市民对茶的喜爱。它以市井卖茶者互相斗茶竞卖为题材，人物形象生动传神，动作各异，相互映衬。有的刚刚喝过茶，正在回味；有的则正在细细品茶；有的一手执壶，一手把盏，正在注汤；有的正在抹嘴；有一人以手笼

〔南宋〕刘松年《茗园赌市图》

嘴，正在吆喝叫卖，茶担上还挂着招子，上写"上等江茶"；还有手执茶具的妇人和孩童，打好了茶，一边走一边回头，似乎还舍不得这里的热闹。整个画面有十足的气场，让人仿佛身临其境，恨不得也去喝上一碗过瘾。挑担卖茶的卖的自然不是什么高级茶饮，居然也这么红红火火地做着生意，可见茶已经是广大市民不可一日无的生活必需品了。这也反映出当时的百姓生活状况还是颇为安稳且富有情趣的。这幅作品对后人影响很大，如宋末元初钱选的《斗茶图》、元初赵孟頫的《斗茶图》等，大抵都沿袭了刘松年的写实风格。

宋人饮茶之风盛行，饮茶程序讲究，从当时墓葬里大量的茶事壁画中也可以得到充分的反映。宋代墓葬中以茶为题材的墓室壁画、画像石棺等都是前后朝代所不可比拟的，这确实值得进一步研究：生要饮茶，死也不舍，可见茶在宋人心目中的地位是何等的重要！

洛阳邙山崇宁二年（1103）前后的一座宋墓中画有一幅侍女进茶图，墓主生前应该是对点茶相当内行的爱茶人。墓室北壁绘两位侍女：西侧一侍女用双手捧托盘，端着两个带盏托的整盏；另一侍女双手执带托的茶汤瓶，瓶口锐尖，符合宋徽宗所说的点茶汤瓶的要求，"觜之口欲大而宛直""觜之末欲圆小而峻削"，正可以印证《大观茶论》的说法，呈现出侍女向墓主人进茶的场景。

河南禹州市白沙镇北的一座宋哲宗元符年间的墓葬，其前室西壁

河南白沙一号宋墓壁画夫妇宴饮（选自宿白《白沙宋墓》）

画有墓主夫妇饮茶图。墓主似乎是有一定地位的富人。室内设有帷帐，悬挂着大幅字画。夫妇相对而坐，神态雍容娴雅。正中位置砖雕桌案上，有茶注子和两个带托的茶盏。四个侍女中三个各有所执，准备进献。此画表现了茶在上层人士日常生活中具有的重要地位。

1992年，河南洛宁县大宋村北坡出土了一座徽宗政和七年（1117）的墓葬，墓主为乐重进。墓主石棺上有浅阴刻画像，内容有孝子烈女图、凤鸟衔灵芝献寿图、天女散花图、妇人启门图和墓主观赏散乐图。在散乐图左右两侧分别有进酒图和进茶图。进茶图画面中间置一桌，左右各立一侍女：左侍女梳鬟髻，一手持茶托，一手端茶盏；右侍女戴冠子，身穿窄袖上襦，腰系百褶裙，双手端盘。桌前一侍女弯腰而立，双手扶碾轮在槽中碾茶末。

河南宜阳发现的宋代石棺画像，墓主身份不详。画面中，墓主夫妇对坐，各有两个侍女陪侍。夫妇各把一盏，正在品茶。桌子上有带托的茶瓯和对称摆放的四个果盘和两副茶盏、茶托。

毛笔诞生后，就一直成为中国古代的书写工具，书写茶事茶情之作必定浩瀚如海，但被后世认定为书法家书写茶事茶情的作品，哪怕是一张帖（小札、便签之类），留下来的也非常稀少而珍贵了。在中国书法变迁史上，唐尚法而宋尚意，就是说，宋代在书写中更注重思想感情的抒发，更注重个性和风格的表现。这种书风的形成和宋代社会的转型、文人审美价值的变化有密不可分的关系，和宋代的茶风也有内在的联系。

宋仁宗时期，尚意书风开始形成，蔡襄是代表人物。苏轼《东坡志林》卷九说："欧阳文忠公论书云：蔡君谟独步当世，此为至言。君谟行书第一，小楷第二，草书第三。就其所长而求其所短，大字为少疏也。天资既高，又辅以笃学，其独步当世，宜哉！"当时能得到蔡襄的书法，那是能引以为豪的。梅尧臣在《得福州蔡君谟密学书并茶》诗中说："薛老大字留山峰，百尺倒插非人踪。其下长乐太守书，矫然变怪神渊龙。薛老谁何果有意，千古乃与奇笔逢。太守姓出东汉邕，名齐晋魏王与钟。尺题寄我怜衰翁，刮青茗笼藤缠封。纸中七十有一字，丹砂铁颗攒芙蓉。光照陋室恐飞去，锁以漆箧缄重重。"得到71个字，竟然那么欢喜珍视，可见蔡襄书法的地位。蔡襄的《茶录》就是用小楷写就的。《茶录》后序云："臣皇祐中修起居注，奏事仁宗皇帝，屡承天问以建安贡茶并所以试茶之状。臣谓论茶虽禁中语，无事于密，造《茶录》二篇上进。后知福州，为掌书记窃去藏稿，不复能记。知怀安县樊纪购得之，遂以刊勒，行于好事者，然多舛谬。臣追念先帝顾遇之恩，揽本流涕，辄加正定，书之于石，以永其传。治平元年五月二十六日，三司使、给事中臣蔡襄谨记。"可见其写成之后首先是进呈给仁宗皇帝，民间流传的是另一版本。流传后世的《茶录》书法，是经过蔡襄正定过的刻石拓本。清代乾隆朝《石渠宝笈》著录有："宋蔡襄《茶录》一卷。素笺乌丝阑本，楷书，分上下篇。前后俱有自序，款识云：'治平元年三司使、给事中臣蔡襄谨记。'引首有李东阳篆书'君谟茶录'四大字……后附文徵明隶书《龙茶录考》。有文彭、文震孟二跋。"按照落款年代，应是正定后的本子。既云"素笺乌丝阑"，似乎应是写本，李东阳、文彭、文震孟俱是大鉴赏家、收藏家，其跋语不知怎样看待此作。真迹？仿品？已不可考，现在可以见到的就是蔡襄正定以后刊石的拓

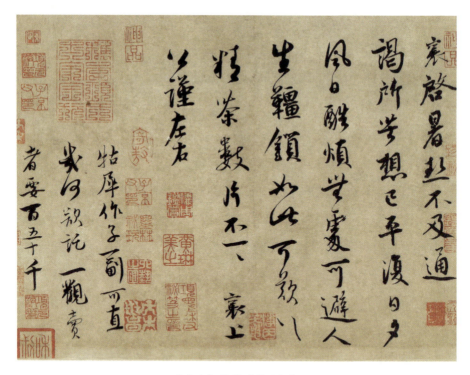

〔北宋〕蔡襄《暑热帖》

本，存于中国国家博物馆。

　　除了《茶录》之外，蔡襄的茶书法作品还有《致公谨帖》，又名《暑热帖》，藏于台北故宫博物院。其札是写给朋友的书信，写道："襄启：暑热，不及通谒，所苦想已平复。日夕风日酷烦，无处可避。人生缰锁如此，可叹可叹！精茶数片，不一一。襄上，公谨左右。"给好友冯京的草书《思咏帖》，其中关乎茶的是："唐侯言：'王白今岁为游闰所胜，大可怪也。'……大饼极珍物，青瓯微粗。临行匆匆致意，不周悉。"说了有关茶的两件事：一件是斗茶时王白茶竟然被游闰茶斗败了，太奇怪了；另一件是说送给冯京的大龙饼很珍贵，青瓯茶盏稍差些。《即惠山煮茶》，是一首诗帖："此泉何以珍，适与真茶遇。在物两称绝，于予独得趣。鲜香箸下云，甘滑杯中露。当能变俗骨，岂特澜尘虑。昼静清风生，飘萧入庭树。中含古人意，来者庶冥悟。"

苏轼是宋代尚意书法的代表人物，又平生爱茶，自然少不了以茶为题材的书法作品。岳飞的孙子岳珂在《宝真斋法书赞》卷一二《宋名人真迹》里称赞"坡公墨妙，如繁星丽天，照映千古"。可惜流传下来的已经是九牛一毛了，而且都是信札。现在传世的有《致道源帖》，也称《啜茶帖》，是邀请一位好友刘道源喝茶的小札，原文如下："道源无事，只今

〔北宋〕苏轼《致道源帖》

可能枉顾啜茶否？有少事，须至面白。孟坚必已好安也。轼上，恕草草。"

另有苏轼书于北宋元丰五年（1082）正月初二日的《新岁展庆帖》，是写给好友陈慥（字季常）的一封信，共19行，约250字。主要说的

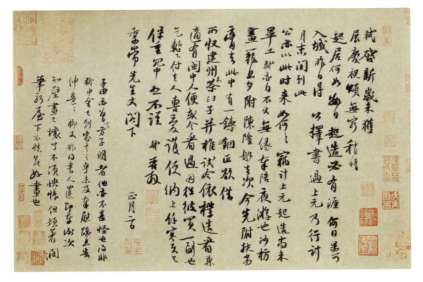

〔北宋〕苏轼《新岁展庆帖》

是想让铜匠打一个茶臼，"欲借所收建州木茶臼子并椎"。如果有合适的人，也乐意买一个木茶臼捎回来之类。此帖挥洒自如，姿态横生，笔力雄健，骨劲肉丰，可见苏轼秀逸劲健、天真烂漫的书风。明代著名书画家董其昌在苏轼的《新岁展庆帖》《人来得书帖》后题跋云："东坡真迹，余所见无虑数十卷，皆宋人双勾廓填。坡书本浓，既经填墨，盖不免墨猪之论。唯此二帖则杜老所谓'须臾九重真龙出，一洗万古凡马空'也。"

〔北宋〕苏轼《一夜帖》

还有《一夜帖》(也称《季常帖》《致季常尺牍》)，也是写给友人陈慥的书信。其信说：夜里寻找黄居寀绘的龙画没找到，忽然想起是半月前借给曹光州摹拓了，一两个月后才能要回来。怕王君怀疑是自己后悔不肯借，故此托陈慥细说与王君，等曹光州把画还回来后，立刻给王君送去，并送上团茶一饼，以表谢意。

《次辩才韵诗帖》，也与茶有关。苏轼第二次来杭州任知州，到龙井拜访辩才。辩才送苏轼时破了他送人不越虎溪的规矩，后来干脆建了一个亭子，名曰"过溪亭"，又名"二老亭"。辩才因作《龙井新亭》，其中有句："煮茗款道论，奠爵致龙优。过溪虽犯戒，兹意亦风流。"苏轼在帖中次其韵作了此诗。该帖不仅是苏轼书迹中的一件杰作，也是中国茶文化的一份珍贵资料。

黄庭坚也是一个"茶客"，他也有一些书法与茶有关。《奉同公择尚书咏茶碾煎啜三首》帖，为所书自作诗，写于建中靖国元年（1101）八月，即作者晚年从谪居之地放回的第二年，该帖现存拓石刻本。这

〔北宋〕黄庭坚《奉同公择尚书咏茶碾煎啜三首》帖（局部）

三首诗分别写了碾茶、煮水、点饮，是一个完整的过程。书体为行书，结体严谨而自然，以纵取势，点画老到，率意而不逾矩。

米芾也是"宋四家"之一，对后代书法影响很大，某种程度上超过苏、黄。他的《苕溪诗帖》是其代表作之一，也是宋代尚意书风的经典之作。这是一幅接近2米的长卷。其中"点尽壑源茶"部分，描绘的是米芾与朋友诗书茶酒的狂放恣肆生活："半岁依修竹，三时看好花。懒倾惠泉酒，点尽壑源茶。"

《道林帖》是米芾的又一杰作，上有作者书写的自作诗，诗书俱佳。"楼阁明丹垩，杉松振老髯。僧迎方拥帚，茶细旋探檐。"这里的"茶细旋探檐"印证了蔡襄《茶录》中"茶不入焙者，宜密封，裹以蒻，笼盛之，置高处，不近湿气"的说法，在房檐上挂茶笼，来客汲取。"探檐"一词，生动地表现了寺院僧人以茶待客的同时，也记录了宋代茶叶贮存的特定方式。

南宋书家留下的有关茶的墨迹很少，也很珍贵。赵令畤，南宋初词人，不仅有词名，在茶书法史上

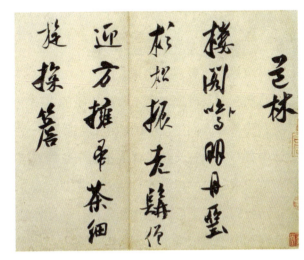

〔北宋〕米芾《道林帖》

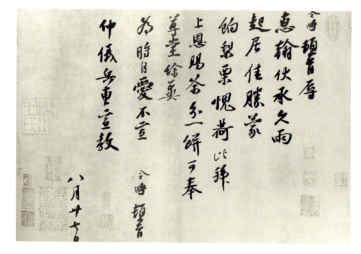

〔南宋〕赵令畤《蒙饷梨栗帖》（台北故宫博物院藏）

也很有分量。台北故宫博物院藏有赵令畤《蒙饷梨栗帖》，文字如下：

> 令畤顿首：辱惠翰，伏承久雨，起居佳胜。蒙饷梨栗，
> 愧荷。比拜上恩赐茶分一饼，可奉尊堂。余冀为时自爱，不宣。
> 令畤顿首，仲仪兵曹宣教。八月廿七日。

该帖尺寸29.1厘米×44.4厘米，为行书，共9行57个字。其文辞精练，颇有东坡风韵。"余冀为时自爱"一语，将作者惜茶为宝的心情淋漓尽致地展现了出来。

自唐起，茶叶成为帝王赏赐臣子的重要物品。宋代随着赐茶制度逐步完善和茶在人们生活中的地位日益重要，帝王赏赐名茶成为社会政治生活中具有象征意义的事件。据北宋蔡居厚《蔡宽夫诗话》记载："湖州紫笋入贡，每岁以清明日贡到，先荐宗庙，然后分赐近臣。"详细规定了清明赐茶的来源、程序和范围，可操作性颇强。宋人杨亿在《杨文公谈苑》中也有记载："龙茶以供乘舆，及赐执政、亲王、长主，余皇族、学士、将帅皆得凤茶，舍人、近臣赐京挺的乳，馆阁赐白乳。"说

明赐茶是有严格的等级之分的，得到赐茶是一种身份、地位的象征，不同等级的官员得到不同等级的茶叶。获得赐茶是一种荣耀，正如梅尧臣《七宝茶》诗所云："啜之始觉君恩重，休作寻常一等夸。"赵令畤写给仲仪的信札记录了他得到皇帝赐茶之事，不仅留给后世一幅茶事书法作品，还是宋代赐茶制度的一个见证。

陆游是著名的诗家、茶家，也是书家。陆游写过一幅《上问台阁尊眷帖》（尺牍，纸本墨笔，台北故宫博物院藏），与茶有关：

> 游皇恐百拜，上问台阁尊眷，恭惟均纳殊祉。知监学士，幸数承教。此尝纳职状，以见区区，而知监谕以职状，已溢员，势须小缓，别换文字，伏乞台照。游蒙宠寄天花果药等，仰戴恩念，何有穷已。新茶三十胯、子鱼五十尾，驰献尘渎，死罪死罪。建安有委，以命为宠。游皇恐百拜上覆。

陆游此信以行书写成，内容为因答谢而回赠友人新茶三十胯、子鱼五十尾。宋人称团茶的数量，圆形称"饼"，其他造型则称为"胯"，方形的为方胯，花形的为花胯。"新茶三十胯"，就是 30 块新茶。

丰富的茶礼俗

琼蕊风流
QIONGRUI FENGLIU

礼，原指敬神、祭神的行为和规范，逐步引申为普遍的礼敬行为准则和道德规范，这些准则和规范经长久积淀内化为稳定的民众心理，外化为社会生活中的各种风尚习俗。中国自古就有重视风俗的传统，重视"为政必先究风俗""观风俗，知得失"。茶因为长期以来与中华民族的物质生活和精神生活密切相关，所以中华茶俗作为中华民族传统文化心理积淀之一，也非常丰富多彩，有着鲜明的民族、地域和时代特征。在宋代，如王安石《议茶法》所言："夫茶之为民用，等于米盐，不可一日以无。"与此相关的茶俗也多姿多彩，为宋代空前繁荣的茶文化提供了广泛的社会基础，其影响直至当代。

一、生活茶礼

生活中的礼仪茶俗，最常见的就是以茶待客。客来敬茶是中华民族最持久、最普遍的礼俗之一。

茶开始成为居家常饮大约是在汉魏两晋时期，唐代以后，以茶待客的风俗日益扩大。到宋代，以茶表达礼敬的习俗已经非常普遍。丁谓《北苑焙新茶》诗："特旨留丹禁，殊恩赐近臣。啜为灵药助，用与上樽亲。"曾巩《寄献新茶》诗："京师万里争先到，应得慈亲手自开。"梅尧臣《吴正仲遗新茶》诗："十片建溪春，乾云碾作尘。天王初受贡，楚客已烹新。漏泄关山吏，悲哀草土臣。捧之何敢啜，聊跪北堂亲。"都说的是有好茶首先想到的是须敬奉父母长辈。

古代妇女在家一项任务，就是要备办茶汤侍奉舅姑(公婆)。尚宫《女论语·学礼章第三》："凡为女子，当知礼数。女客相过，安排坐具。整顿衣裳，轻行缓步。敛手低声，请过庭户。问候通时，从头称叙。答问殷勤，轻言细语。备办茶汤，迎来递去。莫学他人，抬身不顾。接见依稀，有相欺侮。如到人家，当知女务。相见传茶，即通事故。说罢起身，再三辞去。"又，《事舅姑章第六》："整办茶盘，安排匙箸。香洁茶汤，小心敬递。饭则软蒸，肉则熟煮。自古老人，牙齿疏蛀。茶水羹汤，莫教虚度。"

"宾主设礼，非茶不交。"（林驷《古今源流至论续集》卷四《榷茶》）朱彧《萍洲可谈》卷一说："今世俗，客至则啜茶，去则啜汤。汤取药材甘香者屑之，或温或凉，未有不用甘草者。此俗遍天下。"说此俗遍天下，其实指的是宋朝流行此茶俗，在同时代的北方辽朝中招待客人行茶行汤的先后次序正好相反。朱彧接着记道："先公使辽，辽人相见，其俗先点汤，后点茶。至宴会亦先水饮，然后品味以进。"张舜民《画墁录》中也记录了在客来设茶上北人与南人相反的习俗："北人待南人礼数皆约毫末……待客则先汤后茶。"不知撰者姓名的《南窗纪谈》也有这样的记载："客至则设茶，欲去则设汤，不知起于何时。然上自官府，下至里闾，莫之或废。"表明宋时客来设茶招待已在社会各阶层蔚然成风。

设茶也因人而异，主人器重的，自然待遇从优。这个习俗在宋人的笔记小说中可以得到印证。如苏轼家，四学士至则以密云龙茶待之，已经成为规矩，侍儿皆知。王安石尚为学士时曾造访蔡襄，蔡襄很会识人，便用最好的茶叶招待他。沈括《梦溪笔谈》卷九记述了一个有趣的故事：住在京城东三槐堂的王旦，真宗时官居相位，他珍藏了一个十分贵重的茶囊，里面装着好茶。这茶囊，向来只有王旦最看重的杨亿来访，他才拿出茶囊中的茶来招待，其他的客人绝对享用不到。时间长了，王旦的家人一听传呼茶囊，就知道是杨亿来了。但有一回，王旦让"取茶囊"，大家却发现来的人竟然不是杨亿而是张士逊。又过了几天，再"取茶囊"，也还是张士逊。子弟们很惊讶，问王旦说："这张殿中（当时张士逊为殿中丞）是什么人，能得到您如此对待？"王旦说："张士逊有贵人气，不出十年应该就可到我这个位置。"后来果然如王旦所言，张士逊历经真宗、仁宗两朝，三次拜相，致仕时封邓国公，是北宋一位响当当的政治人物。从这则博人莞尔的故事中我们可以看出，王旦这种"看人下茶碟"的个性情趣，透露出他非凡的识人之能和先见之明。而周煇《清波杂志》卷四《吕申公茶罗》也记载有类似的故事：吕公著家藏有三个茶罗子，一个金制，一个银制，一个棕榈制。他在接待宾客时，根据客人的不同身份使用不同质地的茶罗。如果是常客，用银茶罗；金茶罗只有皇家来的时候才可以拿出来待客；而一般公辅，就使用棕榈茶罗。丫鬟们经常排在屏风后面等待前庭呼叫。司马光与吕公著是同朝为官的，待客茗饮之器同样以金银分等差。

如果要留客人宴饮，则是先饮酒。酒兴阑珊以后，需继之以茶，临结束时，再奉上各种保健汤，想是酒后用来醒酒护肝脾之类。

饮茶时常奉上"茶词"演唱，奉汤时也要献上"汤词"。一般茶词和汤词多用同一词牌，上下呼应。汤的品种很多，有紫芝汤、余甘汤、长松汤、沉香汤、扶桑椹汤、豆蔻汤、紫苏汤等。汤词中多含有惜别之意，如宋代程垓《朝中措》：

> 龙团分罢觉芳滋。歌彻碧云词。翠袖且留纤玉，沉香载捧冰瓷。　　一声清唱，半瓯轻啜，愁绪如丝。记取临分余味，图教归后相思。

又，曹冠《朝中措》：

> 更阑月影转瑶台。歌舞下香阶。洞府归云缥缈，主宾清
> 兴徘徊。　　汤斟崖蜜，香浮瑞露，风味方回。投辖高情无厌，
> 抱琴明日重来。

在市井民间，寻常百姓也习惯用茶水来建立彼此之间的交情。《东京梦华录》卷五《民俗》记载："或有从外新来邻左居住，则相借措动使，献遗汤茶，指引买卖之类。更有提茶瓶之人，每日邻里互相支茶，相问动静。"

从主人角度，客来敬茶；但从客人角度，习惯是受茶不拜，即使是帝王设茶赐茶饮，除朝会、祭典外，凡作为招待的茶饮，也都谢而不拜，如果拜了，就是"非仪"（违背礼仪）。宋代高晦叟《珍席放谈》卷上记载了一件事：

> 王沂公罢政柄，以相节守西都。属县两簿尉同诣府参，公见之，将命者喝放参讫，请升阶啜茶。二人皆新第经生，不闲仪，遂拜于堂上。既去，左右申举非仪，公卷其状语之曰："人拜有甚恶？"噫！大臣包荒，固非浅丈夫之可望也。

这里是赞扬王沂公宽宏大量，非但不计较，反而为下属受茶而拜的失礼行为作辩护。在比较注重礼仪的古代中国，"非仪"常常是弹劾官员的一项有力指证。

宋代对非仪、失仪的官员一般都给予严厉的处理。据宋代李焘《续资治通鉴长编》卷四七记载，真宗咸平三年（1000）十一月辛卯日，大臣张齐贤因为私自醉酒而在殿堂上失态，被御史中丞弹劾失仪，张

齐贤想为自己辩护，真宗说："卿为大臣，何以率下！朝廷自有典宪，朕不敢私。"最终还是罢了张齐贤的官。

客来敬茶是表达主人对客人的欢迎和礼敬，但也有分寸的把握。茶可以用来敬客，也可以用来送客。民间有满酒浅茶之说，如果主人希望客人离开，就可以故意把茶倒得很满，懂事的客人就应该识相地告辞了。

"端茶送客"的做法，其本意并非是"逐客"。最早见于宋代普济的《五灯会元》，该书卷七载有"翠岩夏末示众"这一著名的禅宗公案："问：'还丹一粒，点铁成金。至理一言，转凡成圣。学人上来，请师一点。'师曰：'不点。'曰：'为什么不点？'师曰：'恐汝落凡圣。'曰：'乞师至理。'师曰：'侍者，点茶来。'"这里的"师"，为五代高僧翠岩，法号令参，安吉（今浙江湖州）人。雪峰义存之法嗣。曾住明州（今浙江宁波）翠岩山，大张法席。吴越国国王钱氏对其非常钦仰，曾请师至杭州，赐号永明禅师。在这则公案中，永明禅师是以一种特殊的方式，用点茶来接引学人自悟禅理，意思是说：

〔宋〕佚名《春宴图》（局部）（北京故宫博物院藏）

"你不必说了，你可以走了！"因为禅是要靠"自悟"的。结果没想到后来在官场上演变成"端茶送客"了。

二、生产茶礼

茶叶是茶区和茶农经济收入的主要来源。茶农长期以来对茶叶生产的倚重形成了诸多礼天敬神的茶俗，希望风调雨顺，希望少发生干旱虫害，以利茶树生长、茶叶丰收。

福建茶叶生产历史悠久，名茶众多。宋代福建的很多茶区有鼓噪壮阳、礼敬茶树的习俗。据《宋史·方偕传》载：方偕（字齐古，兴化莆田人）"迁汀州判官，权知建安县。县产茶，每岁先社日，调民数千，鼓噪山旁，以达阳气。偕以为害农，奏罢之"。参与人数颇多，数千人一同擂鼓呐喊，声势十分壮观。擂鼓呐喊以壮阳气的习俗，契合"天人合一"的思想，人的健康需要阳气支撑，草木万物也一样。鼓噪壮阳的寓意是希望茶树苗壮成长、枝繁叶茂，茶叶能够获得丰收。方偕认为太兴师动众有伤民力还是担心聚众容易闹事，不得而知。但禁止地方风俗不是件小事，所以必须得到朝廷的批准，为了谨慎行事，也是为了借尚方宝剑以服众。

但是官府有时候也为助力茶叶生产倡行一些礼茶风俗。武夷山市古时称崇安县，从宋代起就是茶叶生产重镇。崇安县令每年都要举行隆重的开山仪式——喊山祭，当县令拈香跪拜、念完祭文后，隶卒便鸣金击鼓，同时高喊："茶发芽了，茶发芽了！"喊山祭其实与建安的鼓噪壮阳异曲同工。仪式完毕，当即开山采茶。欧阳修《尝新茶呈圣俞》

诗中对建安"喊山"这一习俗有生动的描绘：

> 年穷腊尽春欲动，蛰雷未起驱龙蛇。
>
> 夜闻击鼓满山谷，千人助叫声喊呀。
>
> 万木寒痴睡不醒，惟有此树先萌芽。

直到现在，福建一些地方仍保留了喊山的习俗。

茶叶采摘是茶叶生产的重要环节。宋代特别注重茶叶嫩度，茶农多采"毛尖"、茶芽以卖高价，所谓"争价不争斤"。当时采茶仅在清晨日出之前，认为茶叶上仍带夜露时采摘，质量最优。宋代赵汝砺《北苑别录·采茶》载："须是侵晨，不可见日。侵晨则夜露未晞，茶芽肥润；见日则为阳气所薄，使芽之膏腴内耗，至受水而不鲜明。"认为早上露水未干，茶芽肥润；太阳出来后茶芽受阳气所侵，茶汁内耗，清水洗后叶子颜色就不鲜亮了。采茶时，断茶用指甲，而不得用手指，因为手指多温，茶芽受汗气熏渍不鲜洁，指甲可以速断而不揉。为了避免茶芽因阳气和汗水而受损，采茶时，每人身上背一木桶，木桶装有清洁的泉水，茶芽摘下后，就放入木桶内浸泡。这种习俗充分反映了人们对茶叶生产的重视和敬畏程度。

三、婚姻茶礼

中华民族极重礼仪，婚姻关系到子孙繁衍、人口再生产，所以婚姻礼仪又在全部礼仪中占据根本性地位。《礼记·昏义》便说："昏礼者，礼之本也。夫礼始于冠，本于昏。"这是因为"有天地然后有万物，有万物然后有男女，有男女然后有夫妇，有夫妇然后有父子，有父子然后有君臣，有君臣然后有上下，有上下然后礼义有所错。夫妇之道，不可以不久也"（《周易·序卦》）。

宋以前用肥羊美酒、金银珠宝、绫罗绸缎等财物作婚姻礼品。自宋代茶饮习俗大盛之后，茶仪也开始进入了婚姻仪礼。婚姻仪礼中用茶，主要是取茶有不移之性。明代陈耀文《天中记》卷四四说过种茶之义："凡种茶树必丁子，移植则不复生，故俗聘妇必以茶为礼，义固有所取也。"明代此风继盛。许次纾《茶疏·考本》中就说："茶不移本，植必子生。古人结婚，必以茶为礼，取其不移植子之义也。"其意皆在于取茶不可移植之性（彼时的认知还源于茶树栽培技术的落后）。

在宋代婚仪中，茶与羊酒、金银、锦缎等诸物并重，相亲、定亲、退亲、下聘礼、举行婚礼，种种环节都要用到茶。如相亲，初时如女方中意，即以金钗插于冠髻中，叫作"插钗"，一门亲事基本上就这样算定下来了，相亲之礼完成。这一步骤后来发展成为女方吃下男方的茶，"插钗"变成了"吃茶"，如《红楼梦》第二十五回中凤姐笑问黛玉："你既吃了我们家的茶，怎么还不给我们家作媳妇？"就是此意。插钗或吃茶之后，男女双方通过媒人"议定礼"，由男方"往女家报定"，常带着十盒或八盒以"双缄"形式包裹的礼物，其中包括羊酒及缎匹、茶饼等，送到女方家。"女家接定礼合，于宅堂中备香烛酒果，告盟三界，然后请女亲家夫妇双全者开合，其女氏即于当日备回定礼物"，回礼除各色金玉、罗缎、女红外，"更以原送茶饮果物，以四方回送羊酒，亦以一半回之"。若高贵之家，再另加财物。定亲之礼亦告完成。此后就要选择良辰吉日送聘礼，"富贵之家当备三金送之"，一般聘礼都要包括"珠翠特髻、珠翠团冠、四时冠花、珠翠排环等首饰，及上细杂色彩缎匹帛，加以花茶果物、团圆饼、羊酒等物。及送官会银锭，谓之'下财礼'，亦用双缄聘启礼状"。有钱人家收到聘礼之后，亦像收到定亲礼物时一样，回送礼物，下聘礼毕。而送财礼又称"下茶"，所以话本《快嘴李翠莲记》中说："行甚么财礼下甚么茶？"

行、受聘礼之后，便是择日成亲了。经过一系列繁复的仪式之后，新郎新娘入洞房行合卺礼，再入礼筵，"以终其仪"。

成亲后三日，新媳妇要为公婆奉茶，"三朝点茶请姨娘"。宋代话本《快嘴李翠莲记》中李翠莲在过门后的第三日，在厨下"刷洗锅儿，煎滚了茶，复到房中，打点各样果子，泡了一盘茶，托至堂前，摆下椅子"，然后去请公婆、伯伯、姆姆等前来吃茶。"公吃茶，婆吃茶，伯伯、姆姆来吃茶。姑娘、小叔若要吃，灶上两碗自去拿。"同时，成亲后的第三天，"女家送冠花、彩缎、鹅蛋……并以茶饼、鹅羊、果物等合送去婿家，谓之'送三朝礼'也"。此后两新人往女家行拜门礼，女家也要送茶饼、鹅羊、果物等礼物给新女婿。（以上所引除另注外均见《梦粱录》卷二〇《嫁娶》）

宋代以后，茶与婚姻仪礼的关系日益密切，在南方许多地区甚至形成了俗称"三茶"的婚姻仪礼，即相亲时的"吃茶"，定亲时的"下茶"或"定茶"，成亲洞房时的"合茶"。即便是退亲，亦被称为"退茶"。茶礼完全与婚礼相始终。

《仪礼·士昏礼》中记婚礼有六礼，自茶进入婚礼后，"三茶六礼"则成为举行了完整婚礼、明媒正娶婚姻的代名词。所以，清代李渔《蜃中楼·姻阻》中有"他又不曾有三茶六礼行到我家来"的话。南宋吴自牧《梦粱录》卷二〇《嫁娶》中也谈到了杭城婚俗："若丰富之家，以珠翠首饰、金器、销金裙褶及缎匹、茶饼，加以双羊牵送……"

不仅汉族地区风行婚姻茶礼，少数民族地区也如此。陆游《老学庵笔记》卷四对湘西辰、沅、靖各州的少数民族地区男女青年订婚的风俗有详细记载，男女未嫁娶时，相聚踏唱，歌曰："小娘子，叶底花，无事出来吃盏茶。"

四、宫廷茶礼

中国宫廷茶礼源起，有典籍可查的是周成王留下实行"三祭""三茶"礼仪的遗嘱；宫廷茶礼的成形，是在唐代。宫廷茶礼作为宫廷文化的一个载体，除了成为宫廷日常生活的一部分，还成为宫廷政治生活的组成部分，因此，宫廷茶礼在皇家内廷各种场合中占有重要地位。

到了宋代，宫廷茶饮得到进一步发展。宋代制茶工艺有了新的突破，福建建安北苑出产模压成龙凤图样的专用贡茶"龙团凤饼"名冠天下。此外，"龙团胜雪"茶"每片计工直四万钱"，"北苑试新"一夸更高达四十万钱。周密《武林旧事》卷二《进茶》对此有非常详细的记载：

仲春上旬，福建漕司进第一纲蜡茶，名"北苑试新"，皆方寸小夸，进御止百夸，护以黄罗软盝，藉以青箬，裹以黄罗夹复，臣封朱印，外用朱漆小匣镀金锁，又以细竹丝织笈贮之，凡数重。此乃雀舌水芽所造，一夸之值四十万，仅可供数瓯之啜耳。或以一二赐外邸，则以生线分解，转遗好事，以为奇玩。

茶之初进御也，翰林司例有品尝之费，皆漕司邸吏赂之，间不满欲，则入盐少许，茗花为之散漫，而味亦漓矣。禁中大庆贺，则用大镀金斝，以五色韵果簇钉龙凤，谓之"绣茶"，不过悦目，亦有专其工者，外人罕知，因附见于此。①

贡茶的发展与宫廷中的嗜茶风气是分不开的。皇帝倡导茶学，大力倡导饮茶，是"茶盛于宋"一大影响因子。宫廷中常常举行茶宴，蔡京《延福宫曲宴记》一文记载宋徽宗于宣和二年（1120）十二月癸巳召宰执、亲王等曲宴（即以私人名义宴请）于延福宫。在这次茶宴中，皇帝亲自注汤、击茶，表现自己的茶学知识。接着，徽宗把茶分赐诸臣，以示对臣下的厚爱。宋徽宗还把茶会搬上了自己的画作《文会图》，生动记录了茶风盛炽时代宫廷宴会的场景。

属臣向皇帝进贡茶叶显示的是一片忠心，皇帝以茶赐臣子则体现了天子笼络臣下的"恩泽"。帝王赐茶，是神圣高雅的事情。赐茶的对象，有皇亲国戚、文武百官，也有民间布衣、文人墨客。

第一种形式是宴席上赐茶。宋代笔记中有很多皇帝向臣子赐茶的生动故事。宋代文豪欧阳修在《归田录》卷下说："茶之品，莫贵于龙凤，谓之团茶，凡八饼重一斤。庆历中，蔡君谟为福建路转运使，始造小片龙茶以进。其品绝精，谓之小团，凡二十饼重一斤，其价直金二两，然金可有而茶不可得。每因南郊致斋，中书、枢密院各赐一饼，四人分之。宫人往往缕金花于其上，盖其贵重如此。"

受赐之茶异常珍贵，都不舍得喝，仅家藏以为宝，只有贵客上门时才拿出来显摆一番。赐茶有着等级之分，宋代贡茶品类大增，特别是北苑官焙所出之茶，极尽繁荣之态。建州龙凤茶入贡后的分配，也是依官员等级而定。

第二种形式是殿试赠茶。科举考试对于朝廷及应试子弟来说都是

① 〔宋〕周密：《武林旧事》（插图本），李小龙、赵锐评注，中华书局，2007 年，第 63—64 页。

一件大事。在殿试中，皇帝或皇后都会向考官和进士赐茶。《甲申杂记》载："仁宗朝，春试进士集英殿，后妃御太清楼观之。慈圣光献出饼角子（捣碎后的团茶）以赐进士，出七宝茶以赐考试官。"皇帝不光赐茶给考中者，也赐茶给考试官，以示殊荣。

第三种形式是奖励慰问赠茶。皇帝会对有功将士赐茶以示慰劳奖励。宋太祖乾德元年（963）三月平定湖南，四月，遣中使赐湖南行营将士茶药及立功将士钱帛有差。宋太宗太平兴国五年（980）十月，赐河北缘边行营将校建茶、羊酒。宋高宗也曾分别对抗金有功的名将韩世忠、张浚赐茶，以示奖励。

还有一种是臣子在京外，皇帝会让人捎去茶叶以示慰问，如宋哲宗曾秘密让人向苏轼赠茶以示问候。

皇帝巡视所经之地，对地方父老赐茶，表示爱惜百姓、关心民生。宋真宗在巡幸河北，行次澶州，登临河亭时，赐澶州父老锦袍茶帛等；京城119岁老人祝道岊率其徒154人上尊号，真宗叹其寿考，赐爵一级，余人赐时服茶帛等；大中祥符元年（1008）二月壬辰，真宗御乾元门观酺，赐京城父老1500人茶；同年十月癸丑，真宗泰山封禅后，宴近臣、泰山父老于殿门，赐父老茶；大中祥符四年（1011）春正月甲辰，真宗祀汾阴，发西京至慈涧顿，赐道旁耕种民茶荈。也有宋仁宗、宋神宗对庶民赐茶的记载。

皇帝在考察寺观时，也常赐茶给僧道之人。根据文献记载，仅宋真宗就曾对道士贺兰栖真、华山隐士郑隐、敷水隐士李宁、阌乡县承天观道士柴通玄、阳翟县僧人怀峤赐茶。

宋代以文治立国，重文士、重教育，政府办太学、国子监，以培养士人。两宋历朝皇帝对太学都很重视，多有视察。视察国子监时，要对学官、学生赐茶。例如《宋史》卷一一四载："哲宗始视学……御敦化堂……复命宰臣以下至三学生坐，赐茶。"

南宋以后，虽多种礼仪有简化更改，帝王视太学依旧，高宗、孝宗、宁宗、理宗都曾亲幸太学，赐随行宰执百官、太学讲官、太学三舍生茶筵。周密《武林旧事》卷八《车驾幸学》记录了南宋皇帝一次视学过程中的赐茶：宋帝入太学拜过孔子，听过经义讲读后，"御药传旨宣坐，赐茶讫，舍人赞：'躬身不拜，各就坐。'分引升堂，席后立，两拜，各就坐。翰林司供御茶讫，宰臣已下并两廊官赞吃茶讫，宰臣已下降阶，北向立"，两廊官再拜，整个视学之礼才告完成。

第四种形式是招待外国使臣时赐茶。外国使臣入宋至京师时，宋政府一般都派员在都城门外接引，并设茶酒招待。入京后，皇帝传旨宣抚，也要赐茶。辞别归国，也会同样颁赐茶礼。契丹使臣入宋，宴会之日及辞行之日，都由宋帝亲自到场，酒食之余，常传宣茶酒。

到女真时期，金一直是宋的强大威胁，加上灭北宋的余威、囚二帝的事实，尤其在南宋前期，朝廷一直厚待金国使者，其中就有很多茶礼。金使距临安府尚有五十多里时，南宋就派陪同的伴使迎接并以酒食招待；行至都城临安城北的税亭时，又行茶酒招待；入城门后客于都亭驿，参见宋帝后，"退赴客省茶酒"，然后参加正式的招待宴会。皇帝接见时，一般都要赐其"茶器名果"。金使辞行日，皆赐茶酒，次日临行，还要"加赐龙凤茶、金镀盒"等物。

五、祭祀茶礼

在传统习俗中，茶与祭祀的关系十分密切。人们视茶为圣洁之物，通天地人伦，故以茶为祭成为中华礼俗文化的重要组成部分，无论上下，长期流行。

景灵宫是宋代帝王家庙，与太庙供奉历代宋帝神主不同的是，景灵宫供奉历代宋帝、宋后的塑像。北宋时，朝献景灵宫，"执事者以盏奠茶奠酒"。朝献景灵东宫时，"内侍以茶授执事官，太常卿奏请跪进茶"，在神御殿圣像前"皇帝进酒、再进酒、三进酒，如进茶之仪"（郑居中等《政和五礼新仪》卷一一三《望燎》、卷一一四《朝献景灵东宫》）。

南宋时的景灵宫，前为圣祖殿，宣祖以后各宋帝殿居中，"岁四孟享，上亲行之。帝后大忌，则宰相率百官行香，僧道士作法事，而后妃六宫皆亦继往。……景灵宫用牙盘"（李心传《建炎以来朝野杂记》甲集卷二《太庙景灵宫天章阁钦先殿诸陵上宫祀式》）。

每岁行四孟之仪时，"千乘万骑，驾到景灵宫，入次少歇，奏请诣圣祖殿行礼，以醴茗、蔬菜、麸酪飨之"（《梦粱录》卷五《驾诣景灵宫仪仗》），祭品不管多少，但总少不了茶。

先皇帝后忌日祭奠也须用茶。先皇、皇太后忌日，两宋一般都是以行香、奉慰为仪，"凡大忌，中书悉集；小忌，差官一员赴寺"。忌日祭典奉慰在行香之外，还要行奠茶仪。"诣香案前，擂笏，上香，跪奠茶讫，执笏兴，降阶复位，又再拜。"（《宋史》卷一二三《忌日》）

荐献、奏告诸陵之礼用茶。"凡诸陵荐献……孟夏荐茶、豕、麦，含桃李。"奏告诸陵上宫、下宫时的茶礼相同，执事官诣神御香案前三上香："执事者奉茶酒，告官跪，执盏，酹茶三。"（《政和五礼新仪》卷五《祭器》、卷一〇《奏告诸灵上宫·行事》）

国丧之礼用茶，分为两部分：一是宋朝国丧礼。宋朝国丧，外国使者入吊，其仪为上香、奠茶酒、读祭文，朝廷对入吊使者一般都要赐予茶酒。英宗之前，外国使者来吊丧后辞行时，朝廷都要于紫宸殿赐酒五行，英宗即位后就改为在紫宸殿命坐赐茶，"自是，终谅暗，皆赐茶"（《宋史》卷一二四《外国丧礼及入吊仪》）。二是外国丧礼。"凡外国丧,告哀使至","或增赐茶药及传宣抚问"(《宋史》卷一二四《外国丧礼及入吊仪》)。此外,还有太子丧礼用茶。乾道三年(1167)闰七月二日,庄文太子丧礼,"宰臣升诣香案前,上香、酹茶、奠酒"(《宋史》卷一二三《庄文景献二太子攒所》)。

以茶祭神灵、以茶祭祖宗,在宋代颇为常见。欧阳修在《集古录跋尾》卷八《唐陆文学传》中说:"至今俚俗卖茶肆中,尝置一瓷偶人于灶侧,云此号陆鸿渐。至饮茶客稀,则烹茶沃之,云可祝利市。"由此可见,宋代茶馆里大多供奉着陆羽的神像,位置在灶侧。

以茶为祭,说明古人对茶在精神上的重视。孔平仲《谈苑》卷一记载了这样一个故事:"夏竦薨,子安期奔丧至京师,馆中同舍谒见,不哭,坐榻茶橐如平时,又不引客入奠,人皆讶之。"说夏安期在父丧祭祀期间还像平时一样在喝茶,这种行为举止是有违礼法的。周密《齐东野语》卷一九《有丧不举茶托》中也有关于祭祀期间茶饮禁忌的记载:"凡居丧者,举茶不用托,虽曰俗礼,然莫晓其义。或谓昔人托必有朱,故有所嫌而然,要必有所据。宋景文《杂记》云:'夏侍中薨于京师,子安期他日至馆中,同舍谒见,举茶托如平日,众颇讶之。'又平园《思陵记》,载阜陵居高宗丧,宣坐、赐茶,亦不用托。始知此事流传已久矣。"因为宋代与建盏配套的木质茶托,多数上的是朱红色的漆。丧事忌用红色物品,所以宋人在服丧祭祀期间有喝茶时不能用茶托的礼俗。

繁荣的茶学术

琼蕊风流
QIONGRUI FENGLIU

中国茶文化成"学"，是从唐代陆羽的《茶经》开始的。至宋代，著茶书之风愈盛，远超唐代。据《中国古代茶书集成》考证和统计，唐代有茶书15种，其中完整传世的有4种，佚文辑录的有5种，只遗存书目的有6种；宋代有茶书39种，其中完整传世的有14种，佚文辑录的有10种，只遗存书目的有15种。[①]主要原因：一是茶叶生产、消费大增，茶叶产区已近70郡，国家重视，管理程度加大，研究、推广的著述自然大增；二是宋代农业的种植专业化和茶叶商品化程度大为提高，农学的发展，也刺激和带动了茶学的繁荣；三是上层率先示范，宋徽宗赵佶是古今中外唯一一位对饮茶著书立说的皇帝。"上之所好，下必有甚。"一大批高官重臣不仅嗜茶，而且带头著书立说，如丁谓《北苑茶录》、蔡襄《茶录》、沈括《本朝茶法》、宋子安《东溪试茶录》、熊蕃《宣和北苑贡茶录》、赵汝砺《北苑别录》、黄儒《品茶要录》、刘异《北苑拾遗》、吕惠卿《建安茶记》、唐庚《斗茶记》、叶清臣《述煮茶泉品》、佚名《北苑煎茶法》、章炳文《壑源茶录》、审安老人《茶具图赞》等。这些文人士大夫对茶文化的传承、发展和解读，自然会给茶注入他们的审美理念，使茶的文化形象日益提升，丰富了茶的精神内涵，提升了茶的文化高度，并引导了社会风尚，深刻影响着后世茶文化的发展。

---

① 茶书统计情况参见朱自振、沈冬梅、增勤编著的《中国古代茶书集成》，上海文化出版社，2010年。

一、率先示范

在宋代茶书中可知作者的有 26 部，共计 24 位作者。除了宋子安、刘异、章炳文、审安老人 4 人的事迹尚无可考外，其他 20 位作者中有皇帝宋徽宗，另外 19 位作者大多中过进士，担任过宰执、计相到知州、转运使、主帐司、茶官之类的官职，也就是说宋代茶书的作者大部分是身为官吏的文人士大夫，他们的身份特点对宋代茶书的风格有着决定性的影响。

宋徽宗的《大观茶论》由 1 篇序文和 20 篇正文组成，2800 多字，在茶著中算得上鸿篇巨制了。它吸取了前人的一些成果，也不乏自己的独创之处，可称宋代茶学的集大成之作。其序言提出："茶之为物，擅瓯闽之秀气，钟山川之灵禀，祛襟涤滞，致清导和，则非庸人孺子可得而知矣；冲淡简洁，韵高致静，则非惶遽之时可得而好尚矣。""世既累洽，人恬物熙……而天下之士，厉志清白，竞为闲暇修索之玩……可谓盛世之清尚也。"特别指出了茶作为一种精神享受的饮品所具有的特殊价值。这是对前人认识的一种发展。

第一篇至第五篇，论茶的种植、采摘、加工制作，多是对前人成果的继承。如《天时》大抵是取自黄儒的《品茶要录》，《采择》大抵取自宋子安的《东溪试茶录》。

第六篇《鉴辨》提出了鉴别茶须凭经验积累："有肥凝如赤蜡者，末虽白，受汤则黄；有缜密如苍玉者，末虽灰，受汤愈白。""要之，色莹彻而不驳，质缜绎而不浮，举之则凝然，碾之则铿然，可验其为精品也。有得于言意之表者，可以心解。"确为经验之谈。

第七篇专述白茶。白茶是当时最为人崇尚的茶，前人也没有论及过。

第八篇至第十二篇讲述点茶所用茶具，大抵前人都有论述。

第十三篇至第十七篇，《水》《点》《味》《香》《色》，讲述茶的冲点品鉴。这是《大观茶论》最精彩的部分，多有自己的见解。比如《水》，认为："古人第水虽曰中泠、惠山为上，然人相去之远近，似不常得。但当取山泉之清洁者，其次，则井水之常汲者为可用。若江河之水，则鱼鳖之腥，泥泞之污，虽轻甘无取。"这对于过分强调水的所出之地，是个反驳，打破了用茶之水的神秘。反对用江河水，也与陆羽唱反调。这大概和开封地处平原，无山泉、江河之水，皇帝平时也只能喝井水有关。《点》是本文最有创见的一篇，形成了"七汤点茶法"的经典陈述。"妙于此者，量茶受汤，调如融胶。环注盏畔，勿使侵茶。势不欲猛，先须搅动茶膏，渐加击拂，手轻筅重，指绕腕旋，上下透彻，如酵蘖之起面，疏星皎月，灿然而生，则茶面根本立矣。"把点茶手法写得精深活现、典雅凝练。继而写注水需要注意什么、线路如何、多少快慢等，强调茶筅的击拂配合才能把茶点好："乳雾汹涌，溢盏而起，周回凝而不动，谓之'咬盏'。"小小一盏茶，在作者笔下呈现出壮观景象，一个"咬"字成为句眼，何等精准形象。《味》《香》《色》三篇分别从三个方面讲述好茶的标准，"甘香重滑"四个字影响深远，几乎成了评茶的绝对标准。

第十八篇至第二十篇：《藏焙》讲述茶的收藏方法。《品名》讲述北苑各茶园茶农所出茶品的名目，并强调"茶之美恶，在于制造之工拙而已"。《外焙》讲述对北苑周边的民间茶焙所出茶叶的评价。从官焙讲到民焙，作为九五之尊的皇帝，研茶之深入，爱茶之深切，当为赞叹！

宋代第一部茶书《茗荈录》的作者陶穀（903—970），曾为赵匡胤起草受禅文书，官至户部尚书。《宋史》卷二六九《陶穀传》说他"强记嗜学，博通经史，诸子佛老，咸所总览；多蓄法书名画，善隶书，为人隽辨宏博"。《茗荈录》共18条，记录了当时的"龙坡山子茶""圣杨花""玉蝉膏"等名茶，"生成盏""茶百戏""漏影春"等点茶分茶技艺，善于茶事的一些人物，如沙门福全、吴僧文了、皮光业等。此作在北宋初年茶事活动记录较少的时候，能有如此多方面的记载，很有价值，说明茶事活动在北宋初期已经十分活跃，时人对茶的品质及冲点的方法、技艺已经十分重视。陶穀本人在茶事活动中也显得很风雅有趣。陈元靓《岁时广记》卷四记载了一个趣闻，说陶穀曾买得党进太尉家故妓，某夜天大雪，他便命其"取雪水烹团茶"。聚雪烹茗一直是中国茶文化史中的雅事之一，陶穀想必甚觉风雅，便顺口对党家妓道："党家应不识此。"党家妓回答说："彼粗人，安有此景，但能于销金帐下浅斟低唱，饮羊羔儿酒耳。"这件事后来成为茶事中的一个典故，元陈德和散曲《落梅风·雪中十事》其中一事就是"陶穀烹茶"，虞集则写有《陶穀烹雪》诗："烹雪风流只自娱，高情何足语家姝。果知简静为真乐，列屋闲居亦不须。"宋元之际的大画家钱选还创作了《陶学士雪夜煮茶图》。

撰写《茶录》的蔡襄，为宋代茶艺奠定了基础。蔡襄（1012—1067），字君谟，兴化军仙游（今属福建）人。天圣八年（1030）进士，曾任福建路转运使、知制诰、龙图阁直学士、知开封府、翰林学士、三司使等职。曾在福建路转运使任上主持过北苑贡茶的职事，监造过"小龙团"，对茶非常喜好，也十分懂行。他著《茶录》是因为"昔陆羽《茶经》，不第建安之品；丁谓《茶图》，独论采造之本。至于烹试，曾未有闻"。说白了就是填补前人茶书的空白。和陆羽的《茶经》相比，《茶录》确实代表了一个新的时代。首先，蔡襄提出了鉴别茶的新标准，从色、香、味几个方面鉴别：色贵白；香气贵"真香"，反对"以龙脑和膏"，

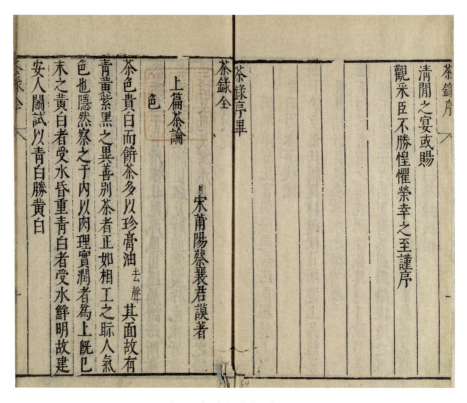

〔北宋〕蔡襄《茶录》书影

或杂以"珍果香草";"味主于甘滑"。其次，对区别于唐代煮茶法的新的点茶法的程序作了标准化的制定，分为炙茶、碾茶、罗茶、候汤、熁盏、点茶几个规定动作，对每一个动作的要领都讲得很清楚。三是对于新的点茶程序所必备的茶器，提出了基本要求，阐明其功能及原理。尽管文字并不多，但是人们往往把它和《茶经》相提并论，原因在于它们分别是我国茶史上两个时代的代表性著作。蔡襄是公认的宋代茶艺第一人。

彭乘《墨客挥犀》卷四记录有蔡襄善于鉴茶的两个故事，其书载：

> 建安能仁院有茶生石缝间，寺僧采造，得茶八饼，号石岩白。以四饼遗君谟，以四饼密遣人走京师遗王内翰禹玉。

岁余，君谟被召还阙，访禹玉，禹玉命子弟于茶笥中选取茶
之精品者，碾待君谟。君谟捧瓯未尝，辄曰："此茶极似能
仁石岩白，公何从得之？"禹玉未信，索茶贴验之，乃服。①

蔡襄捧茶未尝，一看便知茶从何来，不服不行。又，其书卷八载：

一日，福唐蔡叶丞秘教召公啜小团。坐久，复有一客至，
公啜而味之，曰："非独小团，必有大团杂之。"丞惊呼。童曰：
"本碾造二人茶，继有一客至，造不及，乃以大团兼之。"
丞神服公之明审。②

蔡襄上口一尝便知"小龙团"里拼配了一点"大龙团"，同样让
人不得不服。

进士出身的茶书作者还有叶清臣和黄儒。叶清臣（1000—1049），
字道卿，长洲（今江苏苏州）人。天圣二年（1024）榜眼。曾为两浙
转运副使、龙图阁学士、翰林学士、权三司使，是宋仁宗罢榷茶法、
实施通商法的倡导者。他的《述煮茶泉品》是专论煮茶用水的，主要
观点就是"诚物类之有宜，亦臭味之相感也"，即讲究茶与水的适配。
至于水的品第，叶清臣只是沿袭了相传是陆羽所说、张又新所记的二十
泉品之说，并无新的见解。欧阳修的《大明水记》对张又新的《煎茶水记》
提出很多质疑，说"欲举天下之水，一二而第次之者，妄说也"。

黄儒，字道辅，建安（今福建建瓯）人。熙宁六年（1073）进士。
苏轼曾为黄儒《品茶要录》作跋，称赞黄儒"博学能文，淡然精深，

---

① 〔宋〕彭乘：《墨客挥犀》，中华书局，2002 年，第 325 页。
② 〔宋〕彭乘：《墨客挥犀》，中华书局，2002 年，第 371 页。

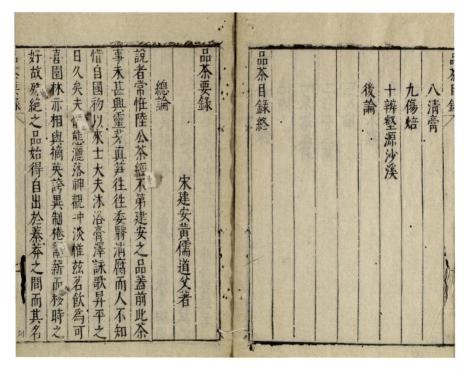

〔北宋〕黄儒《品茶要录》书影

有道之士也"。又高度评价《品茶要录》十篇："委曲微妙，皆陆鸿渐以来论茶者所未及。非至静无求，虚中不留，乌能察物之情如此其详哉！……今道辅无所发其辩，而寓之于茶，为世外淡泊之好，以此高韵辅精理者。"总之，黄儒《品茶要录》有创见，能道陆羽以来人所未曾道者；再者是以高韵辅精理，能得物之"委曲微妙"之情。黄儒在此书总论中说明写作缘由："为原采造之得失，较试之低昂，次为十说，以中其病。"主要论述在茶叶采摘、加工制作过程中的不当操作所造成的对茶叶品质的损害。前九篇都是论述茶叶加工过程中的错误做法和弊病，第十篇教人们如何识别沙溪之茶和壑源之茶："壑源、沙溪，其地相背，而中隔一岭，其势无数里之远，然茶产顿殊。……故壑源之茶常不足客所求。其有桀猾之园民，阴取沙溪茶黄，杂就家卷而制之，人徒趣其名，眩其规模之相若，不能原其实者，盖有之矣。"

二、革故鼎新

宋代上承汉唐，下启元明清，一方面对汉唐遗产有选择地继承，另一方面又从自身所面临的难题和新的目标出发，交织在创新发展和窘迫危亡之中，社会转型特征十分鲜明。在茶学研究上，宋代也同样表现出求新求实的特点。宋代茶书绝大多数为作者首创，而且自成体例，不沿袭唐人茶著，也不因循时人所作，这与明代及后来的茶书大多为抄袭前人及时人茶书的情况迥然不同，从一个小小的侧面表明中国文化在宋代仍有自身的生命力。

首先是上品茶观念的建立。宋代茶书有 16 部是写北苑贡茶所在的建安之茶，占半数以上。众多茶书专门研究一地的茶叶生产，在中外茶史上绝无仅有。因为建安有宋代茶叶生产的最高标准，这里是引领全国"上品"茶叶生产的地方。这些研究北苑贡茶之作，详细记录了上品茶的品名、加工技术和过程、时数、每纲贡茶的具体数量等等，是了解宋代北苑贡茶的宝贵资料。从采茶时间上看，上品茶已经突破清明前到"社前"（立春后第五个戊日为祭祀土地神的"社日"），"飞骑疾驰，不出中春（春分），已至京师，号为头纲"（熊蕃《宣和北苑贡茶录》）。上品茶贵早，是农耕社会经济不发达、物资匮乏催生的"物以稀为贵"的典型传统观念。时令越早，特定农产品越显得珍贵。但受到气候、加工工艺和财力等方面的限制，宋代上品茶未能一味地早下去，新茶早到头年腊月的事情到北宋徽宗之后再也没有坚持下去。此后，宋代上品茶从时间上论一直都是社前、明前、雨前。明初朱元璋下令停止北苑团茶生产后，社前的时间概念也随之消失，而明前、雨前茶的观念一直沿用至今。

宋代茶书作者们又从茶叶生产工序、特定地域、特殊品种来研究上品茶的生产和加工。这些研究以及所催生的观念和制度对中国茶业和茶文化影响非常深远。

其次是茶艺的精研。宋代点茶法源于唐代煎茶法。最早记载点茶法的是五代的苏廙，他著有《仙芽传》，现在只有其中的《十六汤品》存世，记录了点茶之法。而宋代最早详尽记述点茶茶艺的是蔡襄的《茶录》，这是宋代最完整的茶论专著，对宋代茶艺的发展以及茶书的写作都有非常深远的影响。

《茶录》分为上、下两篇，上篇论茶，分色、香、味、藏茶、炙茶、碾茶、罗茶、候汤、熁盏、点茶十条，下篇论茶器具，分茶焙、茶笼、砧椎、茶钤、茶碾、茶罗、茶盏、茶匙、汤瓶九条。正如蔡襄在《茶录》自序中所说，此书主要是写建安茶的烹试方法的。《茶录》写成后，在当时就流传很广，影响非常大，成了此后宋代众多茶书描摹的范本。

蔡襄的《茶录》和宋徽宗的《大观茶论》，是宋代最深入、最系统研究茶艺的著作。蔡襄的《茶录》贡献在于为宋代艺术化的点茶技艺奠定了理论和操作的基础；宋徽宗的《大观茶论》则对点茶法进行了全景式扫描，从茶叶生长环境到采摘、制作、鉴辨，从用器、用水、点法、焙法到味、香、色品鉴标准，是一种集大成式的总结。宋代其他研究茶艺的有关著述还有叶清臣的《述煮茶泉品》，专从点茶用水立论。宋人斗茶分斗茶品、斗茶令、斗分茶三种。唐庚的《斗茶记》记录了他与友人评第茶叶的斗茶，保存了宋代丰富多彩的斗茶形式。审安老人《茶具图赞》选择了宋代较为典型的12种茶艺用具，采取拟人手法，一一借用官职之名画出图形，配上赞语。如木待制，本是把茶捣碎的臼和杵，取名叫"利济"，取字叫"忘机"，号为"隔竹居人"。赞

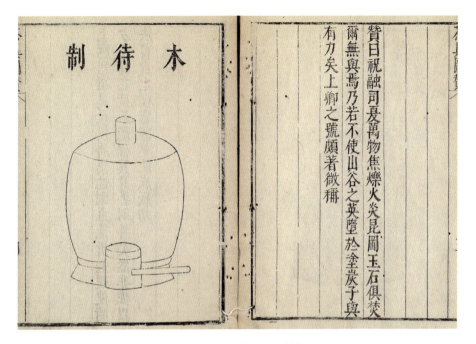

〔南宋〕审安老人《茶具图赞》书影

词是："上应列宿，万民以济。禀性刚直，摧折强硬。使随方逐圆之徒，不能保其身。善则善矣，然非佐以法曹、资之枢密，亦莫能成厥功。"说明这个东西只能先把茶饼捣碎，但更细的制作还需茶碾和茶罗来完成。《茶具图赞》在宋代众多的茶著中别具一格，真实用意可能是一石二鸟，既形象地向人展示点茶的器具用途和流程等，又揭示了茶器具文化与社会文化的内在联系，可惜因为难考审安老人的生平事迹，所以不能深究其写作背景和真实用意，只好暂留悬念了。

三、茶法集成

茶在宋代经济社会生活中占有重要地位。宋代三分之一的州产茶。茶是朝廷财税的重要来源，是换取军马的重要物资；茶在百姓生活中无异于米盐，是商人牟利的重要商品。所以国家对茶叶产销的管理非常重视，茶法茶政也随之有很多的内容和变化。

茶的收税是从唐代开始的，但茶课在社会政治、经济、军事生活方面的重要性，唐代却远远比不上宋代。宋初的"交引法"、仁宗的"嘉祐通商法"、徽宗的"蔡京茶法"、南宋时期的"茶盐法"等等，都是在不同时期根据经济、政治的需要在茶叶产销上进行利益调整的产物。自然地，茶法茶政也成为茶学者研究的重要对象和集中选题，茶法类著作从此开始进入中国茶文化领域。为此作出重要贡献的主要有以下几位历史人物：

沈括（1031—1095），字存中，钱塘（今浙江杭州）人。嘉祐八年（1063）举进士，历任翰林学士、龙图阁待制、光禄寺少卿。博学善文，于天文、方志、律历、音乐、医药、卜算等无所不通。撰有《长兴集》《梦溪笔谈》《苏沈良方》等。他在神宗熙宁八年（1075）为翰林学士、权三司使（主持三司工作），通晓茶法变更与茶课岁入之数，在晚年居润州时所著《梦溪笔谈》卷一二《官政》之下有"本朝茶法"与"国朝六榷货务"两条，记录了其执掌三司之前的茶法变更与茶赋岁入。

沈立（1007—1078），字立之，历阳（今安徽和县）人。北宋水利学家、藏书家。进士出身。嘉祐中任两浙转运使，见"茶禁害民，山场、榷场多在部内，岁抵罪者辄数万，而官仅得钱四万"。于是，他集茶法利害，撰写了十卷本《茶法要览》，陈通商之利，乞行通商法。三司使张方平上其议，得到了朝廷的同意，嘉祐四年（1059）二月，如沈立所请，下诏废除了榷法，改行通商法。

另外，据两宋之际的郑樵《通志》记载，还有一部《茶法总例》，大约成书于绍兴二十年（1150）以前，但没有作者姓名，内容也无法考证了。

宋代首开茶法入茶书的风气，既开拓了茶文化的领域，又为中国经济、法律、边贸等方面的研究保存了大量可靠的资料，这对中华茶文化是一个巨大的贡献。

琼蕊风流 QIONGRUI FENGLIU

瓷时代的茶器具

　　宋代茶器具构成了宋茶文化的重要部分。宋代朱弁《曲洧旧闻》卷三说当时"士大夫茶器精丽，极世间之工巧，而心犹未厌"。

　　宋代对文化的推崇和对工艺美术的极致追求，催生了瓷器的繁荣，所以宋代也被后人称为"瓷的时代"。而瓷器中的茶器又因茶饮的普及和茶文化的风行，反过来促进了瓷器生产和美学的提升。复古思潮是宋代文人士大夫精神生活的重要追求，崇尚自然、大道至简的审美风尚，也深刻影响着他们去追求茶器具极其高雅的美学韵味和艺术享受，茶器具成为中国瓷器史上实用与审美完美结合的典范。

　　宋代的审美既是精致的也是多元的。其他材质的茶器具也在宋代流行，如陶、木、竹、铜、金银、琉璃、玉石、玛瑙等，或承继前朝，或变化创新，发挥各自的实用和审美功能，但在宋朝这样的"瓷的时代"都无法成为主流，只能起到众星拱月的作用。

一、南北名窑

　　宋瓷窑口数量多、分布广，先后以八大窑系为代表。在北方四大窑系中，定窑、钧窑、磁州窑、耀州窑，各呈其妙；在南方四大窑系中，越窑、建窑、龙泉窑、景德镇窑，各领风骚。未列入八大窑系的北方汝窑和南方吉州窑，其实并不逊色。汝窑采定窑印花、越窑釉色之长，终于力拔头筹，后来居上，跃居五大名窑之首；吉州窑有玳瑁纹、剪纸纹、鹧鸪斑等显赫名品，最神奇的是将树叶与瓷釉融合烧制，高温后叶脉清晰完整，如在枝头。

文化消费和艺术审美永远呈现的是高端引领。在宋代，保证皇宫需求的"官窑"和满足社会需求的"民窑"（精品也有进贡的），既各守其责，又相互辉映，共同成就了宋代茶文化、茶器具文化的繁荣。宋以前没有官窑，只有贡品。宋朝最初进贡的是定窑精品，后嫌"芒口"（口沿无釉露芒）而改用汝窑，还有景德镇的青白瓷，其他如越窑、耀州窑、龙泉窑（最著名的是哥窑、弟窑）等也都有精品进贡。到北宋末年，宋徽宗干脆自己建窑烧制，这才有了名副其实的皇家窑口——官窑，产品身份也同其他贡品有了区别。

汝窑于北宋时在靠近都城开封的汝州兴起，它传承了后周时期同样生产于河南的柴窑传统，烧制出了一种不大透明的淡蓝色的青瓷，青翠如脂，润泽似玉，细碎的冰裂纹薄如蝉翼，晶莹剔透。汝窑的釉层较厚，就像融化的流油，在到达瓷器底部前以不规则的曲线停住。在宋代的五大名窑中汝窑被列为其中之冠，宫廷汝瓷用器，内库珍藏，视若秘宝，在徽宗时期达到鼎盛，世称"纵有家财万贯，不如汝瓷一片"。汝窑最主要的颜色是天青色，这是宋徽宗喜爱的颜色，有如雨后放晴的蓝天。从汝窑开始在北宋宫廷流行，这种重青蓝、轻白色的倾向一直延续到了南宋末年。明代曹昭《格古要论》卷下《古窑器论》说汝窑器："汝窑，出北地，宋时烧者。淡青色，有蟹爪纹者真，无纹者尤好，土脉滋媚，薄甚亦难得。"道出了汝窑的基本特征。在河南汝州地区官办汝瓷窑未建立之前，宫廷就已经命汝州建造过"贡瓷"，但处于"有命则供，无命则止"的状态。南宋周辉《清波杂志》卷五载："汝窑宫中禁烧，内有玛瑙末为油，唯供御，拣退方许出卖，近尤艰得。"南宋陆游《老学庵笔记》卷二载："故都时，定器不入禁中，惟用汝器，以定器有芒也。"汝窑遗址被认为就在河南省的临汝县（今汝州市），因它是宋代汝州州治所在地，但在邻近的宝丰县大营镇发现了清凉寺遗址后，人们的认识发生了改变。1986 年，在河南省平顶山清凉寺发掘了一处宋元时期规模较大的汝窑窑场，发现了窑炉、作坊、灰坑等遗迹。在一个小窑藏坑内，出土了较完整的各类瓷器 20 余件，其中汝窑天青釉盘口折肩瓶、天蓝釉刻花鹅颈瓶、天青釉汝瓷盘、粉青釉刻莲花茶盏等，均为汝瓷传世佳品。而文献上也找到了过去宝丰县大营镇隶属于临汝县的依据，清凉寺汝窑窑场遗迹从此被公认为是北宋晚期专烧御用瓷器的官窑所在地。

汝窑本身是一个烧制日用瓷器的窑场，北宋时因其青瓷产品精良而被宫廷选为专门烧制高档瓷器的窑场，它狭义上是指宫廷专门监造供御青瓷的官窑器物，广义上则可理解为古汝州所辖的临汝、宝丰、郏县、鲁山等县所烧制的青瓷器物的统称。当都城从开封转移到临安之后，设立了郊坛官窑。汝窑产量极其稀少，仅在北宋末期短短的 20 年左右出产，南宋时的收藏家已经认为汝窑"近尤艰得"。目前全球汝窑有录可循的传世瓷器仅剩不足 80 件，绝大部分都收藏于博物馆中。目前私人收藏仅有 6 件，皆为盘、洗造型。汝窑传世作品也有几件茶器，英国大维德基金会藏北宋汝官窑青瓷茶碗，为 12 世纪作品，刻有乾隆御题，非常珍贵。在 2018 年底的佳士得秋拍中，一件北宋汝窑天青釉茶盏拍出了 5600 万港币的天价。

钧窑瓷器的烧制历史可追溯到唐代，但当时只烧造黑釉、茶叶末釉和褐黄釉三种器物。在宋代，河南禹州窑场已遍及域内，至今已经发现 100 多处窑址。钧窑以其别开生面的复色釉器物，终被宋徽宗相中，并让他的权臣利用统治权力设置官窑，专门为大内烧造部分宫廷用瓷，因而钧窑成为继汝窑之后的北宋第二座"官窑"。

钧窑瓷器是通过釉色的窑变而取得多样的色彩变化，是在唐代复色釉的基础上的进一步探索，制瓷匠师将复色釉的技艺掺入青釉制瓷工艺之中，使青釉打破了一色釉的单调，从而大放异彩，使其跻身于宋代名窑的行列。

作为北方著名的窑场，钧窑在五大名窑中是属于比较另类的，其他名窑都是单色釉，或青或白，釉是透明釉，唯有钧窑是彩釉，在青或白的底色上常常会有一抹神秘的紫红。钧窑釉汁细润，釉色有天青，较之稍淡的称为月白，色泽虽深浅不一，但多近于蓝色，并有荧光一般的幽雅光泽，正是这一抹亮色让它深受民间喜欢，产量很大。此外，还有宝石红、玫瑰紫、海棠红等色，与天青色交织在一起，自然晕散，变化多端，所谓"入窑一色，出窑万彩"，充分体现出钧瓷窑变釉色的美妙。钧窑在釉色方面的创新，使其成为极富装饰性的"艺术窑"，不仅是对当时陶瓷工艺的贡献与突破，而且为后世树立了一个新的标杆。

北宋钧窑天蓝釉碗（北京故宫博物院藏）

北宋钧窑天青釉托盏（中国国家博物馆藏）

钧瓷有些茶器非常精美，北京故宫博物院多有收藏，如：北宋钧窑天蓝釉碗，高 7.9 厘米、口径 18.9 厘米、底径 5.7 厘米，碗为敛口，深弧壁，圈足，通体及圈足内均施天蓝色釉，足底无釉，露出胎。清代乾隆帝《题均窑碗》诗曰"围匡底用以铜锁，口足原看似铁坚"，并诗注："古窑器多有以铜锁口足者，图其坚也。此碗独无而完全，实可珍也。"描述的正是这种似铜铁色的圈足。北宋钧窑天蓝釉紫红斑碗，高 8.5 厘米、口径 14 厘米、底径 4.4 厘米，碗为敛口，深弧腹，圈足，胎呈褐色，质地坚致，里外均施天蓝色釉，上有紫红斑，匀净光润。碗形较小，当为专用茶碗。另外，中国国家博物馆藏的北宋钧窑天青釉托盏，是一件带托的茶盏，底部釉层非常厚，十分温润。宋人喝茶，讲求精致生活，茶盏配有托使用，很有仪式感，这种情调后来被日本茶道所继承。

官窑之始是部分民窑按宫廷订单烧制御用贡品后，转成专烧贡品的官窑，但窑场本身并不属于宫廷所有。为与其他烧制贡品的官窑有所区别，宫廷终于开始自置窑炉，办起了真正的官窑，由宫内人员亲自负责管理和设计。曾任故宫博物院研究员兼研究室主任的李辉柄在《宋代官窑瓷器》中认为："宫中传世并保存至今的宋代'官窑'瓷器，其窑口可分为北宋官窑与南宋官窑两类：北宋官窑包括官汝窑、官钧窑，南宋官窑有修内司窑和郊坛窑，凡四种。现在，北宋汝窑、钧窑及南宋郊坛窑遗址已经发现并进行了发掘。"说明北宋汝窑、钧窑被宫廷相中而成为官窑，而南宋修内司窑和郊坛窑则为宫廷置设，专门烧制御用瓷器。元代陶宗仪《辍耕录·窑器》曰："政和间，京师自置窑烧造，名曰'官窑'。""政和"是宋徽宗的年号，政和间即公元 1111—1118 年。宫廷开始从在民窑中烧制贡瓷，转向由宫廷自置窑场烧制御用器物，即所谓的"官窑"。官窑必须严格按照宫廷规定的制样进行烧制，使用最优质的胎料、最漂亮的釉料、最典雅的造型，精益求精，不惜工本，次品即毁，佳品上贡，属于非流通商品，严禁民用。

宋徽宗在位期间，史料记述能够成为供御或进贡的瓷器主要是汝窑、定窑、耀州窑、建窑等，但他还觉得不满意，就"专置官窑"烧制。张公巷窑是21世纪初发现及认识的一处重要古代窑址。有学者认为"张公巷窑"极可能是五大名窑中的北宋"官窑"；也有学者认为"张公巷窑"是金代或元代创烧，以仿造"汝窑"。目前发现的"张公巷窑"瓷器，数量稀少，大多经田野考古发掘获得，多为残器。宋高宗逃到杭州后重新建立起来的南宋官窑，按照北宋的制度，重新烧制宫廷所需的瓷器。现在在杭州市区的乌龟山山麓发现了两处窑址，包括窑口和作坊。在乌龟山有皇帝用于祈天的郊坛，故称其为"郊坛官窑"或"郊坛下官窑"。据文献记载，南宋时期的官员还在修内司里放置了称为"内窑"的炉子来制造青瓷，后来才在郊坛下另建"新窑"。也就是说，在乌龟山山麓郊坛下发现的官窑，相当于此处所说的"新窑"，另有"内窑"，即在郊坛官窑放置之前烧过的青瓷窑。因此设想曾经在郊坛官窑存在过"修内司官窑"。元代陶宗仪《辍耕录·窑器》载："中兴渡江，有邵成章提举后苑，号邵局，袭故京遗制，置窑于修内司，造青窑器，名内窑。澄泥为范，极其精制，油色莹彻，为世所珍。后郊坛下别立新窑，比旧窑大不侔矣。"至于两窑如何大不一样，则没有叙述。英国大维德基金会藏有南宋官窑青瓷轮花钵，为公元12—13世纪初作品，口径和冰裂纹与哥窑器物相近。南宋官窑作为皇家御用窑场，仅供内府及国家祭祀仪典之用，非长期大规模生产，产

南宋官窑青瓷轮花钵（英国大维德基金会藏）

品数量有限，加之所产瓷器禁令流入民间，残次品深埋入土，故流传存世极为罕见。威廉·科斯莫·蒙克豪斯的《中国瓷器史》认为："杭州官窑的胎体呈浅红色，所施的釉为浅红色，杯碗具有'紫口铁足'的特征，即釉最薄的口沿部分呈紫色，无釉的足部呈铁褐色。以上所有釉的一个令人称奇的特征是，它们包含一些偶然出现的红色斑点，这是窑变中氧化作用的结果，与周围的背景颜色形成鲜明的对比。"日本 MOA 美术馆藏有南宋郊坛窑青瓷大壶，釉色是带有蓝色的粉青色，郊坛官窑由于坯料的铁质含量高，所以更具神秘色彩。这件大壶是难得一见的大作，有着较高的高台，姿态丰富而有格调。它是在清朝第一行宫圆明园遗址中发现的，郊坛窑中没有比它更有名的了，它有着像碧玉一样美丽的釉色，拿在手上却轻得惊人。在日本，它是作为茶壶被使用和展示的。东京国立博物馆藏南宋官窑青瓷轮花钵，高 9.1 厘米、口径 26.1 厘米、高台径 7.1 厘米，盆口边缘有 6 个小折口，呈轮花形，口缘部套有金属覆圈，并经过金缮修复。厚厚的青瓷釉呈深浅不一而清澈的蓝色，具有碧玉般的幽雅情趣；黑色的粗冰裂纹纵横交错，其间又夹杂着一些细冰裂纹，给釉面带来丰富的变化，在同类作品中最为美丽。这件南宋官窑青瓷轮花钵被列为了日本重要文化遗产。

南宋官窑青瓷轮花钵（日本东京国立博物馆藏）

定窑继承了隋唐邢窑白瓷

的烧制技术，所生产的白瓷与邢窑白瓷非常接近。威廉·科斯莫·蒙克豪斯《中国瓷器史》写道："1111年至1125年，定窑生产了精美的白瓷、紫瓷、黑瓷，即后来的'北定'，以区别于后来南宋在临安生产的'南定'。'北定'有泪痕一样的斑点，有人认为是釉洒开或吹落的结果。"

定窑瓷器属于一种胎质坚细、胎体轻薄的瓷器，以白瓷为主，兼有黑釉、绿釉、酱釉，产地在现在的河北省曲阳县，规模最大的窑场在涧磁村和燕山村一带。曲阳县在北宋时属定州所辖，按惯例窑以州名，故名定窑。在五大名窑中，定窑是唯一主要烧制白釉瓷器的窑场，在宋代白瓷艺术中具有举足轻重的地位。北宋的定窑和唐代邢窑一脉相承，技术已经非常成熟，烧成的瓷器精美洁白，并出现了类似象牙的奶油色白瓷。当洁白的釉色没有更多的发挥余地时，工匠们就在装饰上创新，或增加一些印花，或镶一圈铜口，铜色的紫黑与白色形成强烈反差，非常漂亮。英国大维德基金会藏的北宋定窑白瓷水禽纹钵，为公元11—12世纪的作品，口径22厘米，可以看到水禽刻花的优美线条。定窑在通体素白釉中微微泛黄，有别于邢窑白瓷的色泽。邢窑白瓷采用以柴为燃料的还原焰烧制而成，形成了邢窑白瓷的色泽。到了北宋，改为烧煤。由于煤燃烧时挥发水分较少，火焰短而火力强，加之烟囱抽力不够大，烧成还原气氛比较困难，就改为了氧化焰烧成。烧煤之后，不仅提高了定窑的产量，也形成了与邢窑白瓷不同的色泽，

北宋定窑白瓷水禽纹钵

在色度上呈现出一种暖白的象牙黄色调，给人以湿润、恬静的美感。明代高濂《遵生八笺》形容北宋政和、宣和年间烧制的定窑佳品是"色白质薄，土色如玉，物价甚高"。

在定窑器物中，有不少茶器，其素雅风范深受茶人喜爱。大英博物馆藏有北宋定窑白瓷刻花莲瓣纹瓢形水注，为公元10—11世纪的作品，高 20.8 厘米。北宋时期定窑烧制的白瓷瓢形水注，装有注口和把手。除高台、注口、把手等部分外，器身均以刻花手法呈现瓣纹绵纹，底部全施釉。这件器形新奇的白瓷水注充分展现了强有力的肉雕技法，是定窑早期的佳作。在著名的河北省定县净众院塔基中也出土有这样的白瓷净瓶、水注、壶等，莲瓣纹是这一时期白瓷的主要特征。2014 年，苏富比拍的一件由日本收藏家坂本五郎所藏的克拉克旧藏北宋定窑大碗，清雅脱俗，色莹可爱，划花线条流丽生动，釉面柔润，色呈牙白，聚处若泪痕而色略深，久历千年风霜，朴淳如昔，它以 4000 万港元起拍，经多轮激烈竞价，最终以 1.4684 亿港币成交，创当时宋瓷第二高价拍卖纪录，仅次于 2012 年在香港以 2.0786 亿元成交的北宋汝窑天青釉葵花洗。定窑器是中国许多白瓷窑中身价最高的窑器。白色的定窑在宋

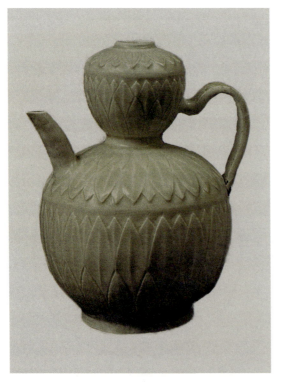

北宋定窑白瓷刻花莲瓣纹瓢形水注（大英博物馆藏）

代流行时间不长，后来被青瓷取代。

哥窑被认为是在公元 12 世纪由龙泉县章氏兄弟中的哥哥创立的早期开片瓷瓷场，因釉中含锰钴而颜色呈现出粉色和淡紫色，含锑而呈现出米黄色，所烧制的瓷器看起来似乎"要破碎成百片"，或者看起来像"鱼子"。后来，哥窑的名称得到了扩展，将所有绿色、灰色和白色等单色釉开片瓷都包括在哥窑瓷中了。法国奥图·德·萨代尔在《器成天下：中国瓷器考》中指出："章家兄长烧造的器物，土胎细腻质薄，颜色深浅不一，有隐约的开片，模仿鱼子状。米色与青色最为珍贵。"

哥窑与官窑以周身冰裂、变化万千的瓷釉裂纹美和紫口铁足而别有风味。哥窑胎体大多呈紫黑色、铁黑色，也有黄褐色。釉为失透的乳浊釉，釉面泛一层酥光，釉色以炒米黄、灰青多见，釉面大小纹片结合。哥窑器形有各式瓶、炉、尊、洗、碗、盆、碟等，多见仿古造型，底足制作不十分规整，釉面常见缩釉和棕眼。目前所见传世哥窑，文房用器较为少见，故宫博物院藏有一件清宫旧藏南宋哥窑灰青釉罐可资参考。海内外公私收藏的哥窑器，以圆器居多，而方器罕有，正如清乾隆御制诗文所说："陶器如立身，圆易方难为。"在哥窑盘类器物中，多见葵口或圆形，形制新颖，匠心独具。在北京保利 2018 秋季拍卖会上，一件哥窑盏，口径 7.4 厘米，以 126.5 万元人民币成交。此盏釉色略偏粉青，昔日制瓷匠师想必是缓缓迭施釉层，甚至重复窑烧，才达到如此柔光婉约的效果。施以厚釉，锐角敛藏，婉柔之处，让人爱不释手，可见当年冷却功夫掌握得宜，方得如此铁线开片，疏朗自然，仿佛琼玉整块琢成。胎土呈黝黑色，唯足可见。在 2015 年香港佳士得"中国宫廷御制艺术精品·重要中国瓷器及工艺精品"春季拍卖会上，一件哥窑花口盘，直径 15.9 厘米，最终以 880 万港元成交。此哥窑花口盘纹片细密，冰裂纹均匀，纹线粗细一致，真有看起来"要破碎成百片"的样子，实乃哥窑典型特征。

　　建窑是宋代瓷器中杀出的一匹黑马。瓷器至唐代，南青北白；至宋，青愈青，白愈白，产地已不分南北。但忽然黑釉建盏成为热门，大行其道。究其根本，还是茶局搅动了瓷局：黑釉茶盏的好处之一是迎合了点茶、分茶、斗茶的意趣，盏釉之黑充分衬出茶沫之白，更能突显白沫上巧做的图文；好处之二是其粗厚，点茶之前有道工序叫"燲盏"，就是通过熏烤给茶盏预热，粗厚就有了保持温度的优势。皇帝喜欢，大臣追随，民间热捧，黑釉建盏成为中国瓷器史上的一朵奇葩。其实，南方的吉州窑、北方的耀州窑和磁州窑都有生产黑釉茶器，也颇受时人欢迎。

　　蔡襄在其《茶录》下篇《论茶器·茶盏》中论述："茶色白，宜黑盏。建安所造者绀黑，纹如兔毫，其坯微厚，燲之久热难冷，最为要用。出他处者，或薄，或色紫，皆不及也。其青白盏，斗试家自不用。"

　　盏是一种较浅的小碗，建窑盏盏壁微厚，撇口或敞口，口以下收敛，瘦底小圈足，釉色以黑色为主，还有酱紫等色。兔毫盏则是盏内壁有玉白色、毫发状的细密条纹，从盏口延伸至盏底，类似兔毛，故这种纹色的建盏被称为兔毫盏。

　　宋徽宗在《大观茶论·盏》中对兔毫盏的好处与功用也作了与蔡襄相近的描述："盏色贵青黑，玉毫条达者为上，取其焕发茶采色也。"由于蔡襄与徽宗的相继推崇，兔毫盏深入人心，从此成为点试北苑茶必须首先取用的茶具，传承至今，成为宋代点茶茶艺的象征性茶具。

　　关于以兔毫盏为代表的茶盏的形制，有研究者发现了其特殊的地方，即从茶盏内壁口沿以下三至四分起内收一阶，从而在口沿内壁形成了一道很宽的凸边。这种设计，与宋代的点茶方法有着密切的关系，"设计者们巧妙地在盏内口沿上做出一道宽凸边，把盏的容量分成四六之比，这样既能在点试击拂时阻挡住茶汤，使之不受离心力的影响，又能在注汤时起到标尺的作用"（薛翘、刘劲峰、陈春惠《宋元茶俗与茶具》）。

许多人以陆游《老学庵笔记》卷二中所述"故都时，定器不入禁中，惟用汝器，以定器有芒也"为依据，认为对茶有深入研究的宋徽宗只使用汝瓷茶具，那实在是不够了解宋徽宗和宋代的茶文化。徽宗在太清楼设宴款待权臣蔡京，其间用兔毫盏、惠山泉点当年新创新贡的太平嘉瑞，建盏、惠泉、斗品贡茶，三者皆为当时极珍之品，何止"二妙一遇"。徽宗即使在日常唯汝器是用，但在饮茶时，却定然要用建盏的。兔毫盏主要出产于福建建阳水吉镇建窑，但并非如蔡襄所说，其他地方的产品都不及建窑盏，如四川广元窑、江西永和窑、陕西耀州窑等也大量出产兔毫盏，从传世的器物来看，并不比建窑盏逊色多少。但由于建窑主要烧制供宫廷御用的茶盏，其余窑口几乎都是民间性质的，因而在地位上差了一些。不过宋代点茶、斗茶也不全部都是用兔毫盏，由于烧制瓷器的技术问题，有生黑釉盏釉面并未形成兔毫一般的纹路，且因釉点下垂，出现周围乳浊或油滴状大小不等的银灰色斑点，这种盏被称为"油滴盏"。还有些釉料在烧制过程中未熔融的部分形成褐色斑点，形似鹧鸪羽毛一样的花纹，即所谓的"鹧鸪斑"。当然，这些不同纹面的建窑茶盏都是属于黑色釉。明代曹昭在《格古要论》中称建窑盏为"乌泥建""黑建"或"紫建"，说的就是这个问题。此外，从今存实物来看，存在大量的青瓷、白瓷、秘色瓷茶碗与盏托，表明在当时它们是被广泛使用的。

二、类用大观

宋代茶书中所见的茶具，其数目只及唐代陆羽《茶经》中的一半，尤其在生火、盛取水等过程性用具方面较之大为简略。不过在实际生活中使用的茶具却不是很少，综合茶书中与实际生活中使用的茶具来看，宋代茶具的重头集中在碾罗茶叶、煮水点饮方面。

（一）藏茶用具

宋代茶书中藏茶用具有三种，蔡襄《茶录》下篇《论茶器》中首列了两种藏茶用具——茶焙和茶笼，另外是徽宗《大观茶论》中用来"缄藏"烘焙好的茶饼的"用久漆竹器"——徽宗没有具体说明这种器物的名称，这里姑且称之为茶盒。而宋代实际生活中一直还有使用陶瓷乃至椰壳等多种材料制成的茶瓶、茶罐、茶缶等器具藏茶。陆羽认为要真正领略茶饮茶艺的真谛和精华，会有九种困难，第九难是饮。"夏兴冬废，非饮也"（《茶经》卷下《六之饮》），终年饮茶必须保持茶叶新鲜。宋人很明白这一点，不仅蔡襄将藏茶器具列在了茶具之首，而且在茶艺实践中人们还在不断地更新改善藏茶用具，使之更好地发挥对茶叶的保管作用，为茶饮茶艺活动提供最好的茶叶。

（二）碾茶用具

碾茶用具是宋代茶具中较多的一类，共有7件：茶钤、砧椎、茶碾、茶磨、茶臼、净纸和棕帚。

茶钤用于夹着茶饼在火上烤炙。宋代炙茶并不是茶饮茶艺活动每次必行的常规步骤，只有当使用陈年旧茶时，才需先将茶饼在开水中浸渍，轻轻刮去茶饼表面的一两层膏油，然后用茶钤夹住，在微火上烤干，再进入碾茶的常规程序。但是随着宋代贡茶制度的飞速发展，求新争早日益成为茶饮茶艺活动中的时尚与品鉴茶叶的标准，在茶饮活动中绝大多数人再也不屑使用陈茶，因而处理陈茶的方法也逐渐不再被人们注意和提及。蔡襄以后，茶钤再也没有作为一项茶具进入人们的视野。

碾茶的第一个步骤是将茶饼敲碎。用具为砧椎，一块砧垫，一只击椎，砧与椎的制作材料一般用木，椎用铜或铁制成的也比较常见。纸，一直是茶具中便捷的辅助用具，自陆羽《茶经》起就以纸囊作为炙茶之后临时贮放茶饼的辅助用具，宋人亦曾用"净纸"来密裹茶饼将之捶碎。

碾茶的第二步也是其核心程序——碾。宋代碾茶用具主要有4种：茶碾、茶磨、茶臼以及辅助用具棕帚。茶碾，唐宋皆有。但因点茶对茶末的要求非常高，所以宋人对碾茶的用具要求也很高，要求器物的质地不能影响茶的色泽与气味。浙江宁波地区宋代瓷窑出土有大量黄褐釉瓷碾，其中一件自铭"雍熙元年七月"，虽然论者以为是医药用具（林士民《浙江宁波出土的唐宋医药用具》），但金属碾也是医药与茶共用的，瓷碾也不会例外，且可解决生铁碾易生黑屑的问题。宁波地区还出土有青石琢制而成的石碾。

茶磨一般都是石制的。首先石磨一般都不会有害于茶色，从物性上来说它也更接近于自然，所以苏轼《次韵董夷仲茶磨》诗赞道："前人初用茗饮时，煮之无问叶与骨。浸穷厥味臼始用，复计其初碾方出。计尽功极至于磨，信哉智者能创物。破槽折杵向墙角，亦其遭遇有伸屈。岁久讲求知处所，佳者出自衡山窟。巴蜀石工强镌凿，理疏性软良可咄。予家江陵远莫致，尘土何人为披拂。"

事实上，茶艺活动中所有茶具都是随着人们对茶叶和器物的质地、功用认识的变化与提高，以及茶叶生产制造方法的变化而不断改进、完善的。

宋代实际生活中使用的碾茶用具里，还有一种自唐五代以来民间就一直使用的茶臼，不见于宋代茶书而只见于诗词中，如马子严《朝中措·竹》："蒲团宴坐，轻敲茶臼，细扑炉熏。"

棕帚是碾茶的辅助用具，把碾开的茶末扫拢到碾或磨的中心，便于收集茶末和继续碾磨。

（三）罗茶用具

茶被碾成末状后，需要过罗筛匀。宋人对茶罗有明确而严格的要求，因为宋代点茶要求茶末"入汤轻泛"。而"罗细则茶浮"，所以"茶罗以绝细为佳"。为此，对用来作罗底的材料要求也很高，蔡襄《茶录》下篇《论茶器·茶罗》认为要"用蜀东川鹅溪画绢之密者，投汤中揉洗以幂之"。

宋代茶书中，并没有直接的文字表明宋人将陆羽《茶经》中的"合"（通"盒"）——罗筛后茶末的贮藏用具，当作一种茶具，但在实际生活中很常见。南宋朱弁《曲洧旧闻》卷三记述："蜀公与温公同游嵩山，各携茶以行。温公以纸为贴，蜀公用小黑木合子盛之。温公见之，惊曰：'景仁乃有茶器也！'蜀公闻其言，留合与寺僧而去。"由此，也可将"合"看成宋代罗茶的辅助用具。贮茶末的茶盒材质有木、瓷，也有金银。

另从《曲洧旧闻》中还可以看到司马光用纸折叠成小纸袋作为贮茶用具，在外出游山时与范镇所带用的木茶盒起到相同功用，也是一种简易贮放茶末的用具。这也印证了陆羽《茶经·九之略》中在"瞰泉临涧"的场合下"或纸包合贮"的做法，表明"纸"在茶具简省之一极的用处。

乳钉纹、鼓钉纹小茶罐在南宋开始见用，江西清江乾道七年（1171）墓出土褐色釉乳钉柳斗纹茶罐。20世纪80年代，江西赣州七里镇窑、吉州窑出土了大量此类茶罐。与此造型相同的茶罐在韩国新安沉船中亦有大量出水，说明茶罐不仅在国内广泛使用，还远销到日、韩等地。而赣州窑的另外几种小茶罐，与日本现藏的一些汉作唐物茶入完全一致，表明用小茶罐贮茶的方式在宋元时得到普遍使用。虽然此类罐子壁薄易碎而鲜见留存，但考古发掘的出土、日本的留存及海外贸易沉船的出水，让人依然可以看到当时的小贮茶罐。

（四）生火煮水用具

煮水用火，生火用炉，生火煮水用具有茶灶或茶炉。砖砌、石砌茶灶，深得宋代文人喜爱，成为闲雅适意生活的一种象征。宋人对自然山石中天然生成茶灶状的山石更是垂青，朱熹就曾为武夷山九曲溪第五曲的茶灶石书题"茶灶"两个大字。唯茶炉不只有砖、石砌者，亦有以竹编制者，"竹炉汤暖火初红"（张炎《踏莎行·咏汤》）便是，意境更为清雅。

宋代文献中有些关于茶炉的图像资料，从现存可见图画上的茶炉来看，大致可分为两类：一是只能置放一只汤瓶、茶铫的风炉；二是可同时置放多只汤瓶的燎炉。独饮或三两人的小型茶会茶集用风炉，而多人的大型雅集则一般使用燎炉。

所见燎炉一般可分为两种：一是方形或长方形较高者；二是圆形较低者。方形燎炉，南宋佚名《春游晚归图》中有出现：一僮仆担荷的春游行具中，后肩为一食匣，前肩为一方形燎炉，上置点茶用的长流汤瓶。南宋虞公著夫妇合葬墓西墓东壁《备宴图》中亦有出行荷担一挑，同样前肩为食匣，后肩为方形燎炉，上置点茶用的长流汤瓶。江阴青阳镇里泾坎宋墓石椁浮雕，一仆左肩担半挑，为一食匣，地上

〔南宋〕佚名《春游晚归图》

置一内承两只汤瓶的方炉，所系挑绳委于地上。南宋安丙墓庖厨俑，仆俑前置放笼匮一，坐汤瓶，方形炉一。《续资治通鉴长编》卷七三中有言："辽国要官阴遣人至京师造茶笼、燎炉。"燎炉与茶笼并言，当同为茶具，这是文献中的有关记载，可与实物互证。除了可以荷担而携行的燎炉、茶笼外，图像中用于点茶的燎炉也多有见，如《文会图》《十八学士图》《春宴图》《会昌九老图》《商山四皓图》《西园雅集图》点茶部分有煮汤瓶的方形燎炉。

宋代盛水而煮的器物有水铫、茶铛、石鼎（又称茶鼎）等多种。水铫，多用石制或金属制，亦有用瓷制者。宋人以之烧水点茶，亦颇方便适意，正如苏轼《次韵周穜惠石铫》诗所赞："铜腥铁涩不宜泉，爱此苍然深且宽。蟹眼翻波汤已作，龙头拒火柄犹寒。姜新盐少茶初熟，水渍云蒸藓未干。自古函牛多折足，要知无脚是轻安。"

因为铫的柄是直的，末端离火较远，水烧开了，柄亦不烫手，可以直接拿用而不会被烫，使用更为安全方便。宋佚名《莲社图》备茶画面中，即有一只龙头柄铫子。河北曲阳县涧磁村出土的赏玩器白釉风炉与铫子，《中国文物精华大辞典》称之为"定窑带刁斗托炉"——"刁斗"当称名"铫子"，可见其确切形态。铫子的捉提之柄，还多有做成三股交合的提梁的，如四川德阳出土的银铫、陕西蓝田吕氏家族墓地出土的石铫、刘松年《撵茶图》中风炉上的铫子，皆为提梁。南宋开始见用高筒式足的提梁铫子，浙江诸暨桃花岭南宋墓、浙江东阳金交椅山宋墓皆有出土。"当是温酒用的铫子，它与烹茶不同，即不是底部直接受火，而是把高筒式足放在热水即所谓'汤'中加温。"（扬子水《元明时代的温酒器》）

茶鼎的形制则与汤瓶、水铫有着根本性的区别。一般的鼎，都是阔口，无流、无柄、无执而有足。这些特点都决定了茶鼎烧煮的水，不能直接放在鼎中来注汤点茶，还需要另备器物辅助完成注汤点茶。宋代辅助鼎的用具是取水用的杓或瓢。

（五）点饮用具

首先是茶瓶（水注）。宋人茶瓶注汤称为"点"，故称"点茶"。点茶的"点"，为滴注之意。茶瓶在点茶时用于烧煮或盛贮开水，里面不放茶末或茶叶，因宋人称开水为"汤"，因此茶瓶也称"汤瓶"。在唐代时茶瓶称为注子，最初由酒器转变而来，在宋代之后煎茶之道渐起，因汤瓶多有把手，故又将之称为"执壶"。茶瓶不限于瓷瓶，还有银瓶、铜瓶和铁瓶等金属制茶瓶。美国纽约大都会艺术博览馆藏有宋代耀州窑青瓷衔花鸟纹龙口执壶，高21厘米，有着龙头形的注口，有装饰成鬼面的三个短而壮实的兽足，显得特别与众不同。形似龙身的把手在口部上方前后呈弧形延伸，上面还蹲着一个小童子。在几乎

宋代耀州窑青瓷衔花鸟纹龙口执壶
（美国纽约大都会艺术博览馆藏）

北宋青白瓷狮子钮盖茶瓶（安徽省宿
松县吴正臣夫人墓出土）

呈现球形的整体瓷器上，用北方青瓷特有的锋利切片雕刻着宝相花唐草纹，展翅的凤凰衔着部分枝条，泛黄的橄榄色釉莹润地包裹着整个瓷器。洛阳邙山宋代壁画墓和河北宣化等地的辽、金壁画墓里的壁画中多处出现了茶瓶和盏托等茶器和候汤的场景，正是宋代同时期人以茶瓶煮水用以点茶的真实写照。安徽省宿松县在 1963 年底挖掘的吴正臣夫人墓中，出土了一件北宋青白瓷狮子钮盖茶瓶及承盘，高 26.5 厘米，反映出宋代早期茶瓶及承盘的样式。吴正臣是宋哲宗在位时的大内皇城瓷器仓库的库管（管理员），他的墓中共出土了 123 件文物，有 70 多件是瓷器，包括有瓷罐、碗、盏、钵、盂、碟、注子、温碗、瓶等。

　　横柄壶的形制与汤瓶原则上差不多，有直形流，有盖，只是直柄不同于汤瓶弯曲的执，可直接进行注汤点茶，不需其他辅助用具。横柄壶在唐代长沙窑中即多有出现，其柄上有题名"龙上"或"注子"者，宋代则称此种器形茶具为"急须"。

现代日本、韩国以及中国的茶道茶艺用具中亦常使用横柄的茶壶，也为取其安全便利。

关于宋代的汤瓶，蔡襄《茶录》下篇《论茶器·汤瓶》条对其质地和形制提出明确的要求："瓶要小者，易候汤，又点茶、注汤有准。黄金为上，人间以银、铁或瓷、石为之。"徽宗《大观茶论·瓶》则对瓶的形制与注汤点茶的关系作了进一步的阐述："瓶宜金银，大小之制，惟所裁给。注汤利害，独瓶之口觜而已。觜之口欲大而宛直，则注汤力紧而不散。觜之末欲圆小而峻削，则用汤有节而不滴沥。盖汤力紧则发速有节，不滴沥，则茶面不破。"

从现存的出土实物及绘画资料来看，宋代汤瓶大都是大腹小口，执与流都在瓶腹的肩部，流一般呈弓形或弧形，有较大角度的弯曲。从实物及图像资料中可见汤瓶还有一个附属用具——瓶托，但宋人的文字中都未曾提及。宋代汤瓶的托都是大口直身的深碗形，其功用等同于唐代的交床，"以支鍑也"（《茶经》卷中《四之器·交床》），用来安放开水锅，以免烫伤人手，可以说是汤瓶的安全性辅助器物。从《文会图》和一些宋代庖厨砖雕等画面及宋人要求瓶小使其易候汤的文字中可知，汤瓶是直接放在炉火上烧煮的，当烧好了水，人们手持汤瓶去注汤点茶时用一瓶托托持，当更安全。

宋人在点茶候汤时，只能耳闻声辨煮水过程中的细微变化，这要求茶人专注当下，感官敏锐。因此，宋代茶人常感叹"候汤最难"。蔡襄在《茶录》中写道："候汤最难，未熟则沫浮，过熟则茶沉。前世谓之'蟹眼'者，过熟汤也。况瓶中煮之，不可辨，故曰候汤最难。"因此，茶瓶就要以易于候汤为宜。宋代各窑烧制的茶瓶，不论大小与器形的变化，都出现了瓶体越来越修长、流嘴越来越细长的倾向，并与瓶口相齐，这样既适合点茶之用，也显得婀娜美观。

再者是茶匙和茶筅。二者在时间上有一定的承接性，北宋后期以前用茶匙，后期尤其是徽宗《大观茶论》之后，便主要使用茶筅。而茶匙，既然言匙，必是匙勺状，且蔡襄《茶录》下篇《论茶器·茶匙》明确地说："茶匙要重，击拂有力，黄金为上，人间以银、铁为之。竹者轻，建茶不取。"茶匙是主要用金属制的匙勺状点茶击拂用具，竹茶匙亦存，只不为点试建茶者所用。

茶筅的形状则与茶匙完全不同，它的出现，是对点茶用具的根本性变革。"茶筅以箸竹老者为之，身欲厚重，筅欲疏劲，本欲壮而末必眇，当如剑脊之状。盖身厚重，则操之有力而易于运用。筅疏劲如剑脊，则击拂虽过而浮沫不生。"（《大观茶论·筅》）筅刷部分是根粗梢细剖开的众多竹条，这种结构可以在以前茶匙击拂茶汤的基础之上，同时对茶汤进行疏弄，使点茶的进程较受点茶者的控制，也使点茶效果较如点茶者的意愿。刘松年《撵茶图》、大德寺《罗汉图》中皆可见茶筅图像。日本福井县越前朝仓氏遗址出土有茶筅残件，是中日茶文化交流的实物遗存。李嵩《货郎图》中，堆挂如山的货担上，最底层有一汤瓶，其上一层的上部，置茶筅一只，其状已经与今日日本抹茶道所用的茶筅极为相似。

宋代的饮用器具与唐代一样，用盏（即碗），此外，如陆羽不曾

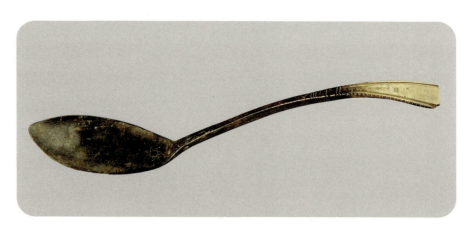

茶匙

〔南宋〕李嵩《货郎图》

提及碗托一样，宋人的专门茶叶著述，除审安老人《茶具图赞》外，不曾提及盏的辅助器物——盏托。

茶盏（碗）是直接用嘴品尝茶汤的器物，因而特别受到重视和呵护，由此变得越来越丰富多彩。茶碗形状可以大致分为平茶碗、碗形茶碗和筒茶碗三种，平茶碗因容易让茶冷却而在夏天使用，筒茶碗因更易保暖则在冬天使用。宋代的诗词中出现了许多有关茶碗的诗句，如唐庚《直舍书怀》："风眩药囊减，雨昏茶碗深。"陆游《五月十一日睡起》："茶碗嫩汤初得乳，香篝微火未成灰。"范成大《留游子明》："我已疏茶碗，君今减酒杯。"

当然，也有用"茶瓯"来称茶碗的。"瓯"本意是指盆、盂一类的瓦器，但后来也泛指杯、碗一类的饮具。司马光《再和秉国约游石淙》诗："上国分携十五秋，未尝偶坐捧茶瓯。"苏轼《佛日山荣长老方丈五绝》（其四）："食罢茶瓯未要深，清风一榻抵千金。"杨万里《二月一日雨寒》

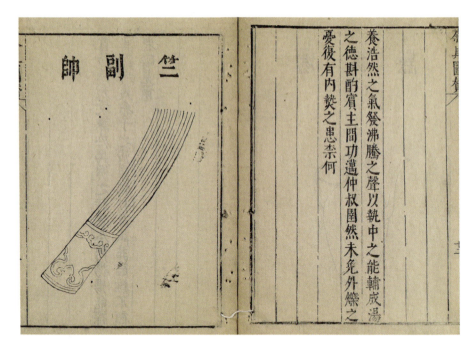

養浩然之氣燮沸騰之聲以執中之能輔成湯
之德斟酌賓主間功邁仲叔圉然未免外爍之
憂後有內熱之患奈何

南宋审安老人《茶具图赞》中的"竺副帅"即茶筅

诗："补尽窗棂闭尽门，茶瓯火阁对炉熏。"

值得一提的是碗托、盏托，一般都是由与碗、盏同样质地的陶土烧制的，形制、釉色、尺寸等与碗、盏极为匹配。宋代盏托大多为宽口、小足型，这是为了适应点茶的需要。点茶时要点汤击拂七次，一般的茶盏足小，稳定性差，配以盏托可以增加稳定性，没有倾倒之虞，可以放心点茶。审安老人因此称赞盏托有"危持颠扶"之德。根据茶盏的不同造型与承嵌茶盏方式的差异，宋代的盏托可以分为托心下凹式、圆柱上凸式和碗形托圈式等。有趣的是，传世或出土的宋代茶具，定窑、湖田窑、耀州窑等诸大窑的茶盏都有如上所述的盏托，唯独建窑兔毫盏、油滴大碗等没有。这种独特的现象，大概有如下两种解释：一是建窑盏坯都较厚，直接端拿也不烫手；二是兔毫盏之类的建盏用的不是同样材料所制的瓷质盏托，而是像《茶具图赞》中的"漆雕秘阁"一样，用的是漆木盏托。这种盏与托异质的情况，在中国茶具史中殊为少见，因此在

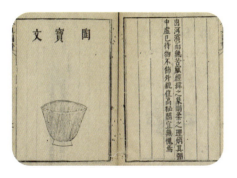

陶宝文（选自审安老人《茶具图赞》）

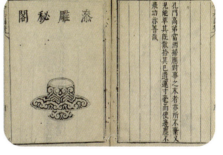

漆雕秘阁（选自审安老人《茶具图赞》）

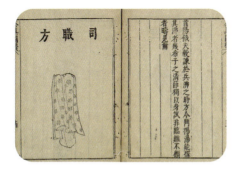

司职方（选自审安老人《茶具图赞》）

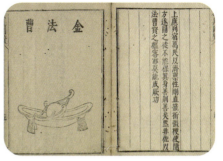

金法曹（选自审安老人《茶具图赞》）

以陶瓷为主的茶具大家庭中，吹进了一股清新特别之风。

　　另外还有清洁用具、盛贮用具等。清洁用具如《茶具图赞》称之为"司职方"的，就是揩拭用的布、帛、绢制的茶巾，《撵茶图》中方桌的前档上即挂有一方茶巾。实际使用时另有一种清洁用盛贮器——渣斗。

三、陶染东瀛

　　宋代海外贸易兴起，也进一步刺激了瓷器的生产。宋瓷茶器具因形制和釉色之美，深受当时日本、高丽的喜爱，特别是对日本茶道器具产生了极其深远的影响。

日本室町时代（1338—1573）初期玄惠法印著有《吃茶往来》，时间基本相当于中国元朝末期。而这一时期中国的文物典章制度等并无太大变化，加上中日官方交流基本被阻隔，所以可将《吃茶往来》中的材料与中国宋代对比。书中有关茶具的记载如下：

> 会众列坐之后，亭主之息男献茶果，梅桃之若冠通建盏，
>
> 左提汤瓶，右曳茶筅，从上位至末座，献茶次第不杂乱。①

这段文字共提到三种茶具——建盏、汤瓶和茶筅，都是典型的宋式茶具。茶筅首次在徽宗《大观茶论》中出现，宋代一直沿用，屡见于诗文中。有明一代，朱权因杂用唐代烹茶之法与宋代末茶之具而提到茶筅，明代陈宪章《邹吏目书至有作》诗句"茶筅粟瓶供客尽"也提及茶筅。此外，似不再见于任何文字。而茶筅远在朱权之前就已在日本使用。再者如建盏，宋人以之为贵，明人却不以为然。如朱权《茶谱·茶瓯》认为："茶瓯，古人多用建安所出者，取其松纹兔毫为奇……但注茶，色不清亮。莫若饶瓷为上，注茶则清白可爱。"屠隆《茶说·择器》则在说"莹白如玉"的茶盏"最为要用"之后，更明确地说"蔡君谟取建盏，其色绀黑，似不宜用"。许次纾《茶疏》中所论也基本相类。而《吃茶往来》主要记述了日本斗茶之事。日本斗茶除比茶品、茶艺外，还是炫耀各人所藏名贵器物的一次机会，斗茶会的主人仍以建盏为贵，足见其所遵奉的是宋代品评茶艺的审美与价值标准。当时直至现代日本茶道中，建盏（日本称为天目盏）始终都是最具价值的茶道具之一，是名器中的名器。可见《吃茶往来》虽著于元末，但所记还是宋代之

---

① 〔日〕玄惠法印：《吃茶往来》，日本国立公文书馆藏《群书类丛》本。

好而绝非元代之事。

此外，日本茶道具中还有一种天目台，它是木制的盏托。唐、明、清茶托一般都与茶碗配套，为同种质地、色泽，只有宋代兔毫盏等黑釉盏所用盏托为木质料所制，日本现代茶道仍使用木质天目台，也是其受宋代茶道具影响的又一佐证。

至于汤瓶，明代除朱权《茶谱》外，还有不少茶书中提及与沿用，但与茶筅连用的，只见于朱权《茶谱》。

综上所述，至今仍在日本茶道具中占据重要地位的建盏、茶筅等茶具，都是在宋代传到日本的，均可以证明宋代茶具对日本茶道具有明显的影响。而且，宋代文化与日本茶道在茶道具方面的亲缘关系还不止上述所列。另有一物件，在宋代其自身并未能侧身茶具之列，但它在宋代传入日本以后，却在日本茶道形成的历史过程中起到了开端作用。这一物件便是日本禅僧南浦绍明（1235—1308）入宋后师从径山寺虚堂禅师学禅，作为受法印证得到的一张台子。南浦和尚回日本后，将这张台子传给崇福寺，之后它又传入京都大德寺，大德寺梦窗国师（1276—1351）首次使用这台子放置其他一些茶道具点茶，开了日本点茶礼仪的先河。而日本茶道史研究表明，台子的使用是日本点茶礼仪开端的关键。到室町时代文化侍从能阿弥（1397—1471）在此基础上发明并指导使用真台子点茶，仪礼化的日本茶道正式走上了自己的道路。^① 所有这一切都是在朱权《茶谱》的影响能够及于日本千利休之前就发生了的。

虽然几案或桌子一直都是中国古代常用的陈列、放置物品的用具，但宋及宋以前几乎无人在茶艺活动中提及它，更遑论列入茶具之列。到明代，许次纾在《茶疏》中"茶所"一节里两次提到用"几"作顿

---

① 滕军：《日本茶道文化概论》，东方出版社，1992年，第45、35—36页。

放茶具的器物，但只仅限于此，几案台子从未能成为中国古代茶具中的正式一员，它之进入茶道用具系列完全是日本的特色。

在宋代，已有大量中国瓷器出口到日本，其中不少还是专为日本茶人定制的器物，里面就包括茶盏。日本镰仓时代圆觉寺流传下来的《佛日庵公物目录》记载，在北条时宗（1251—1284）的布施品目录中，就包括窑变汤盏、青瓷花瓶、香炉、建盏、青瓷汤盏台、汤盏、饶州汤瓶、茶碗钵等。后来，日本人将建盏称为"天目茶盏"。日本古物书画鉴定家今泉雄作（1850—1931）认为，这是"由于宋代求法的禅僧自天目山携归而命名"，他的这一说法后来被人们所接受，因此在日本就有了"天目茶盏"的说法，甚至只说"天目"，人们就知道它是专指建窑及类似器形与釉色的茶盏。按照日本茶道美术的分类，在天目茶盏中，又可以分出曜变天目、油滴天目、灰被天目、玳瑁天目、木叶天目、禾目天目、黄天目等。曜变天目十分炫丽，极为珍贵，日本静嘉堂文库美术馆、大阪藤田美术馆和京都大德寺龙光院各藏一只，都被视为日本国宝。另外，日本野村美术馆收藏有一件南宋时期的灰被天目茶碗，这是同类茶碗中年代最为久远的，非常难得。这件灰被天目茶碗的坯子用了黑灰色，除口沿和腰部分釉面呈黄褐色外，外表面均为近似银色的灰色，身体部分隐约可见禾目，与一般的灰被天目略有不同，

油滴天目茶碗

曜变天目茶碗

南宋吉州窑木叶天目（日本大阪市立东洋陶瓷美术馆藏）

别有情趣。大阪市立东洋陶瓷美术馆藏南宋吉州窑木叶天目，被日本列为重要的文化遗产。木叶天目是在黑釉上粘贴实物木叶烧制而成的，是南宋时期吉州窑的普遍烧制工艺。流传下来的存世木叶天目很少，这件藏品是用白色细腻的胎土制成的，拿在手上很轻，器壁从低矮的高台上笔直地向外打开，器底部露胎，高台内浅削。在日本室町时代所写的《君台观左右帐记》中列有"茶椀（碗）物"和"土之物"，它们都是指喝茶用的碗，"土之物"是指陶器的意思，而"茶椀（碗）物"则指瓷器，青瓷碗就属于"茶椀（碗）物"一类。宋代流行漆器盏托，以朱红色为主。日本京都曼珠院收藏的南宋朱漆涂棱花天目台，木胎漆涂，真鍮①覆轮，它不仅有羽翼的形状，还有被称为酸浆的茶碗接口，高台的外表面也雕刻有棱花形，可以感受到宋代工匠的严谨态度。日本东京国立博物馆藏南宋屈轮轮花天目台，外侧按黄、红、黑、红、黄、黑、红、绿、黄、黑、

---

① 鍮，《玉篇·金部》载"石似金也"。天然产者名"真鍮"，以铜与炉甘石（即凌新矿）炼成者为鍮石（即黄铜）。

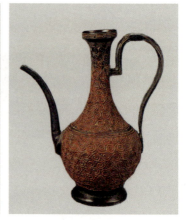

南宋朱漆涂棱花天目台（日本京都曼珠院藏）　　南宋犀皮执壶（日本东京常
盘井文库藏）

红的顺序依次涂上颜色，刻画出一组组屈轮花纹，这种技法也被称为"犀皮"。已知有3件类似的屈轮轮花天目台，其中一件被东京品川的东海寺收藏。在日本江户时代的前期，上层社会对这类雕刻漆器已经非常重视。东京常盘井文库藏南宋犀皮执壶，从头部到身体部分用朱漆和黑漆交替重叠，并对漆层进行雕刻，呈现出卷云纹和边界线，十分漂亮，流嘴细长，线条流畅，比例协调，重心稳当。这种犀皮图案与技法是宋代雕刻漆器的特色，并被定位为南宋的时代特征。

日本茶道中的水注，即是中国语境中的"水壶"或"茶壶"，而"茶壶"在日本却专指一种较大型器形的盛放茶叶器皿，类似中国的酒缸。在日本茶道中，水注是指用于补充水的茶道具，在抹茶道和煎茶道中的使用方法有所不同。在不同茶道流派中对水注的使用也制定有不同的规则与流程，并且名称也不尽相同，除了叫水注外，有的流派称其为水罐、水灌、水次、水滴、注子等。水注的把手有后手式（在腰部后面有把手）、上手式（提梁式）、割手式（把手部分使用两条金属线）之分，但它们有一个共同点，就是都有一个外伸且较小的注水口。从中国传到日本的唐物水注，一直都被列为珍贵传世品而得到推崇，

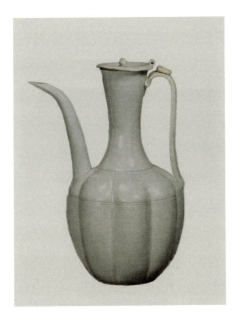

北宋景德镇窑青白瓷瓜形水注（日本大阪市立东洋陶瓷美术馆藏）

有些本是酒壶，传到日本后被用作了水注。大阪市立东洋陶瓷美术馆藏北宋景德镇窑青白瓷瓜形水注，这是青白瓷水注的代表器形之一，圆润饱满的瓶身与修长的瓶口，与把手形成鲜明的对比，是姿态优美的作品。把手和注口的各个接合部施有刻线的装饰，内外表面均为淡青色釉，盖子和把手上都装有绳子，应该是用锁链等连接起来使用的。宋代景德镇制作的青瓷中常见的是长颈瓜形水注，带有尖锐的长注口和平钮状把手。在微微张开的口上，一般会有一个壶盖，盖的一端会有一个小环，用锁链或绳子把安装在把手上的同样小环相连起来。

茶入通常是指一种薄胎高温酱釉陶器，最早是从中国宋代传到日本的一种盛茶的器具，在抹茶道中用于盛放茶粉，在中国有时被称为小茶罐，以区别一种在日本叫"茶壶"的大茶罐。茶入与茶杓、茶碗一起成为日本抹茶道中三件最重要的茶器具之一。茶入在日本流行开来之后，在中国烧制的被称为"唐物"，在日本烧制的被称为"和物"，产地不明，但从南方岛屿舶来的被称为"岛物"。在唐物茶入中还有一种被称为"汉作唐物"的茶入，它是指比唐物更古老的器物，早在日本东山时代就已经传入日本并被列为珍品的东西。根据日本专家谷晃归纳，茶入约有20种形态，如茄子、丸壶、尻膨、枣形、柿子、鹤首、肩冲、大海、文琳等，有不少茶入的盖子是用象牙做成的，并被最初从中国来的金襕等精美绣品包裹起来珍藏。

南宋尻膨茶入（日本东京永青文库藏）　　　　　利休鹤首（千利休旧藏）

　　1207年，日本京都拇尾山明惠上人去向荣西问禅，荣西告诉明惠上人饮茶能遣困、消食、快心、提神、舒气。荣西禅师把从南宋带回来的三粒茶籽，装在一个唐物茶入后一并赠送给了明惠上人。这件茶入被称为"汉柿蒂茶入"，开口较大、整体较矮、底部很小，因其形似柿蒂，而被直接称为"柿蒂茶入"，底部写有"高山寺"的墨书，现在是高山寺的秘宝，成为最重要的藏品。东京永青文库藏南宋尻膨茶入，也称"利休尻膨"，在红茶色胎面上挂着深褐色釉，散发着闪亮光泽，肩冲下有着膨胀开来的身体，中间有一根圈线，以其较小的形态表达强烈的存在感。它本为千利休持有，后来传到了武将细川忠兴（1563—1646）手上，成为一件非常著名的利休尻膨茶入。所谓"尻膨"就是指下摆宽大的一种器形，这件茶入为小肩冲，用朱泥胎土，总体上施有紫褐色釉，沉线围绕在中央稍上方，给人以稳定感，内侧仅在口缘处施釉。在日本天正十五年（明万历十五年，1587）的北野大茶会上，这件尻膨茶入因千利休使用而广为人知；在利休茶会上，千利休也使用过这件茶入。

　　茶入具有高贵优雅的姿态，在日本东山时代已经被视为至宝，战国时代收藏茶入之风日见高涨，织田信长、丰臣秀吉、德川家康等人都收藏有第一流的茶入，茶入于是成为权力的象征。在江户时代，幕府将军和大名①常常把茶入作为珍贵的贡品和奖器送出，这就更加增加了茶入的价值。例如一件叫"利休鹤首"的茶入，因为千利休持有过而特别出名，多次成为下属进贡给德川家的礼物，而德川家也多次将其作为奖品下赐给有功之臣。在日本茶书《山上宗二记》中，记载了当时的茶人已经根据"形""比""样子"这三大要素来评价茶道具的价值。唐物茶入中的肩冲茶入以堂堂正正的姿态获得了较高的评价，尤其是铭为"初花""楢柴""新田"的三件肩冲茶入被评为"天下三名物"。东京德川纪念财团藏南宋至元代的肩冲茶入，铭为"初花"，略带灰色的棕色胎，头部、身体中央和底部都有圈线，呈现淡茶色的釉面。"初花"的名字据说是因与"新田"肩冲茶入相比，"初花"的壶身形状更展开一些；也有说是根据《分类草人木》之说，是因为它的形状就像早春初开的花朵。日本天正二年（明万历二年，1574）四月三日，织田信长在相国寺举办的茶会上，在床之间挂着玉涧的《万里江山之御绘》，使用的就是"初花"肩冲茶入和安井茶碗，参会的有津田宗及等名家。"初花"肩冲茶入曾在织田信长、德川家康、丰臣秀吉、松平忠直等名人手中收藏过。

茶壶（大茶罐），是日本茶道美术中的一个重要组成部分，但与中国语境中的"茶壶"概念并不完全相同。它是指在中国的南方，主要是福建与广东一带，从南宋到元代烧制出来的一种较大型的器物，通常有 40 厘米左右的高度。开始时，人们将这种器皿用于安放香料或其他调味品，然后通过船舶运送到日本。大约在公元 14 世纪时，日本人开始用它来存放茶叶，它才开始真正具有了茶壶的功能。这种样式的器皿，在中国一般不常以"壶"相称，更多则以"罐"或"缸"称之，

① 大名，日本封建时代的大领主。

为与同样盛放茶叶或茶粉的茶入（小茶罐）有所区别，有时称之为"大茶罐"。根据日本东山文化时期的《君台观左右帐记》"茶叶壶事"记载，茶壶一般不对外展示，在武士和茶人的家里都将茶壶作为重要的收藏品，通常人们只能闻其名，不可见其物，久而久之，大家都觉得茶壶是非常珍贵的茶器了。在日本的侘茶之风兴起之后，茶壶以其拙朴的样子成为数寄屋（即茶室）中重要的茶道具，战国武将之间竞相追逐，如同对待茶入一样的态度，茶壶成为价值连城的重要茶道名物。在公元16世纪的日本茶道文献《清玩名物记》和《分类草人木》中，都对茶壶作了重要的定位，介绍了一些茶壶名物。

铭为"桥立"的茶壶，如今收藏在京都表千家不审庵，为南宋至元代时所制，原来是足利将军家的藏品，又先后传到织田信长和千利休手上。在《茶会记》"利休会记"中对这件唐物茶壶有不少记载，《宗湛日记》也记载了天正十五年（1587）在箱崎茶会上使用了"桥立"茶壶。"桥立"之名来自一首古老的歌曲，意为

"桥立"铭茶壶（日本足利将军家旧藏）

在大江山遥远的原野上，就能看到远处的天桥立，以示这个茶壶非常引人瞩目。据千利休留下的文字，这件"桥立"茶壶曾被丰臣秀吉觊觎，千利休在自杀前就把它托付给了大德寺保管，底部还留下了疑似千利休的笔迹。千利休去世后，"桥立"茶壶传到了前田利常（1594—1658）手上。现在壶盖里的"桥立"字样是小堀远州写的，外箱盖表面也是小堀远州的墨书，附有千利休书状一幅。

铭为"松花"的茶壶，由爱知
县德川美术馆藏，也是南宋至元代
时所制。这件茶壶是在红色坯上抹
了黄褐色的釉，呈现出美丽的图纹。
肩膀用力向外伸出，有四个小耳，
下底部留有绳子包裹过的痕迹。此
物稍显歪斜的样子，透着一些凄凉
的感觉。在《清玩名物记》和《分
类草人木》中记载，"松花"茶壶
被列为清香名物。清香是日本对茶

"松花"铭茶壶（日本丰臣秀吉旧藏）

壶的分类名之一，主要根据其形状和肩部的刻印来确定，但标准并不
明确。在《山上宗二记》中，将"松花"茶壶与"松岛""三日月"
茶壶一起定为大壶三名物，但另外两件在著名的本能寺之变（1582年）
中被大火烧毁，因此当"松花"茶壶传到侘茶始祖村田珠光手中时，
他就格外小心保管。之后堀秀政把它献给了丰臣秀吉。在《松屋会记》
和《天王寺屋会记》中都记载了北向道陈和丰臣秀吉在各自的茶会上
使用"松花"茶壶的情况，日本冈仓天心在其名著《茶之书》里也提
到了千利休在参加丰臣吉秀的茶会时就看到了"松花"茶壶。

茶壶作为存放茶叶的容器，日本茶人通常是将5月的新茶贮藏密
封在壶里，到当年11月开封，并有开封茶壶的茶事习俗。很久以前，
茶壶就作为茶器具中地位最高的器具被使用，其中最受尊重的就是来
自中国的唐物茶壶。

由日本爱知县德川美术馆收藏的铭为"夕立"的茶壶，是一件被
鉴定为南宋时期的物品。在《君台观左右帐记》中，关于茶壶的记载比
较简略，那时它们并没有被视为"重宝"，既不作为重要的名物来加
以对待，也不作为茶席的装饰，可以想象在庄严的唐绘挂轴和丰富多

"夕立"铭茶壶（日本德川家旧藏）

彩的唐物空间中，其实并不特别需要茶壶的存在。但在安土桃山时代（约1573—1598）之后，人们对茶壶有了重新认识，《山上宗二记》就详细记载了最重要的茶壶的内容，由此茶壶与茶入一起象征着某种权威。这件唐物茶壶全身挂着褐釉，显得十分安静，下部流淌的釉面呈现出特别的韵味。据德川美术馆资料，尾张德川家初代的义直已经拥有了这件茶壶，在《古今名物类聚》中已有同铭茶壶的记载。

铭为"伞"的茶壶，在其箱子盖背上有日本茶道里千家八代的又玄斋一灯写的字："真壶宗旦铭伞""一翁盖书付（花押）"。"伞"茶壶的釉色、胎土与其他唐物茶壶不同，下部强绞缩小的器形可谓绝无仅有。三代宗旦将其铭为"伞"，显然就是根据它的整体如打开的伞形而命名的，茶壶底部有千宗旦用墨书写的"伞"字和花押。

日本茶道在茶室中举行茶会活动时，还会引入花道具和香道具，为配合这样的仪轨，就需要有花器等器物，因此在日本茶道世家中都会收藏和使用花器。花器在茶道中有一个特别的名称叫"花入"，这是日本茶人对茶道中使用的花器给予的几乎统一的称呼，而同样一件花器在花道人士这里可以称为"花生"或"花器"，或直接采用中国的称呼"花瓶"。因此，"花入"是茶人对花器的特称。与之相对应的，在日本茶道中还有"茶入"和"火入"等称呼。茶道中的花入，主要有铜器及其他金属器物，瓷器及陶器，以及各种形态的竹器。宋代对古代文物的研究十分盛行，大量制作了依照古代青铜器的复古青铜器（仿古铜器）。在古代中国的青铜器中，作为祭祀用的酒器"瓠"是铜质花入最主要的形式。

京都正传永源院收藏的铜花生是一件产生于南宋至元代时期的作品，器体表面没有过多的装饰，与古代青铜器的制作技法完全不同，它传到临济宗建仁寺塔头正传永源院的时间和过程不明，但作为古代渡来的唐物，是件非常稀有的作品。

铭为"夜鹰"的古铜花入也产生于南宋至元代时期。根据《山上宗二记》记载，武野绍鸥持有的花入有青瓷无芜茶入、古铜花入、紫铜无纹槌花入、青瓷筒挂花入等，传世下来的与武野绍鸥有关的花入却意外少见。相传，这件古铜立鼓花入即为武野绍鸥所持，后来被尾张德川家收藏，或许是武野绍鸥之孙武野知信把它送给了尾张德川家。这件花入的器形有些夸张，比一般的花入要大一些，本来应该叫"无芜花入"，腰部附有细长的贯耳，铭"夜鹰"是因为它有着如鹰一般矫健的身姿。

作为日本国宝，收藏于日本大阪和泉市久保惣纪念美术馆，铭为"万声"的青瓷凤凰耳花入，被认为是日本传世青瓷花入的代表作，在花入中有着不可动摇的名望。大约在它烧制完成后不久的公元13世纪，它就已经出现在日本，但在安土桃山时代之前的传承过程不太清楚。这件青瓷凤凰耳花入为南宋龙泉窑制品（在浙江省龙泉窑的大窑溪口窑周边曾出土过同类青瓷的碎片）。日

南宋龙泉窑青瓷凤凰耳花入（日本大阪和泉市久保惣纪念美术馆藏）

本阳明文库另外收藏有一件铭为"千声"的青瓷凤凰耳花入，被列为日本重要文化遗产，"千声"之铭和"万声"之铭均为后西天皇的敕铭，相传最初是从唐代白居易《夜闻砧》诗句"千声万声无了时"中得到的启发。1999 年 3 月由朝日新闻社等举办的宋瓷展上，也出现了一件青瓷管耳瓶，为南宋官窑出品，是左右有管状竖耳的器形，具有青铜器一样的气派。从高台的露胎上看，胎土相当黑，因此口沿的薄釉部分看起来发黑，显示出"紫口铁足"的特征，厚厚一层的青瓷釉呈清澈的蓝色，釉叶上有一层被称为"紫贯入"的裂纹，厚重的器形与沉稳的釉色相得益彰，让人感觉到一种威严。

水指也是日本茶道中的一种器具，常常装满干净的水，用来补充釜里的水，或者用来刷碗，有金属、陶瓷、木或竹等多种材质做的。在日本室町时代的书院里，几乎都使用金属器的唐铜水指，或者用砂张铜和银做的水指。在陶瓷方面，中国的青瓷、青花、祥瑞、赤绘等虽然十分昂贵，但日本茶人也会经常订购。日本静嘉堂文库美术馆藏南宋龙泉窑青瓷牡丹纹太鼓胴水指，被列为日本重要文化遗产。这是一件太鼓造型的深钵，钵身环绕着牡丹唐草的贴花纹图案，牡丹纹是用模子做成的，图案的生机由藤蔓巧妙点缀而生。熟练的技术在钵盖上体现得淋漓尽致，钵盖造型被认为是花蕊的象征，给整体的大方构造增添了意想不到的轻盈和华丽。釉调是典型的砧青瓷色调，内部釉色尤其漂亮，令人印象深刻。盖子上的沿口有覆圈，可能是因为沿口较薄而造成了一定的结构失调。底部无釉，呈焦红色。这件水指可能最初并不是作为专用水指来烧制的，它可能就是一件贮存罐，后来才作为水指使用，因为专用水指在元末明初才开始盛行，有了日本向明朝订购专用水指的现象。

碟，由"石"与"枼"组合而成，"枼"意为"薄片"，"石"与"枼"连起来表示"薄石片"，本义是石陶制作的浅薄器皿。因此，

北宋青白瓷莲花纹皿（日本 MOA 美术馆藏）

碟是盛放食物等的器具，扁而浅，通常比盘子小。在茶会中，碟可以充当盛放水果或茶点的容器，也可以作为茶碗的托盘，虽然它不专属于茶器，但也可以担当茶器的角色。皿，指碗、碟、杯、盘一类用器的统称，因此有时在说到碟时，也有用"皿"表示的。日本 MOA 美术馆所藏北宋青白瓷莲花纹皿，带有淡雅的青纹，在雕刻图案的凹陷处呈现出蓝色的阴影，给人一种清爽的感觉，因此被称为青白瓷或影青。它原本是作为碗的托盘来使用的，主要用于佛前清供，现在只保留下来这件盘子。从宋到元，在景德镇一带烧制的青白瓷无数，但没有见到烧制得特别好、釉色如此清丽的作品。

琼蕊风流
QIONGRUI FENGLIU

「和天下」的茶交流

　　两宋面临着不断的、严重的国防压力，虽然有战，但从国力消耗、军事实力和社会稳定等综合因素考量，总的基调是努力求和。茶有着作为国家特产的优势，又正是周边少数民族特需产品，所以不仅在经济上而且在外交、外贸和对外文化交流上都发挥了特定历史阶段的特定作用。另外，在对外经济、文化交流通道由陆路为主转变为以海路为主的背景下，当时由于造船、陶瓷、制茶、丝绸、金属冶炼等手工业异常发达，加上官方鼓励官民开展海上贸易，中国迅速成为海上贸易大国，茶和茶文化作为其中的重要内容，也自然随之发挥了独具魅力的"茶和天下"的作用。

一、茶马互市

　　茶马贸易源于唐代，当时既无固定机构，也无成文制度。到宋代，朝廷开始高度重视马政事务。一方面，在与少数民族政权的对峙中，战马是非常重要的战略物资，虽然一度试行自养自给，但效果不好，向边疆少数民族购买，又会导致财政紧张；另一方面，西北少数民族以肉食为主，茶叶成为消油去腻的生活必需，因此宋王朝把茶叶作为安抚少数民族、处理周边关系的重要物资，茶马互市成为中央政权与少数民族地区之间处理政治、军事、外交和经济关系的重要内容。辽圣宗曾于统和十五年（997）秋下诏禁止吐谷浑别部鬻马于宋，而渴望得到战马的宋朝则于景德二年（1005）八月下诏泾、原、仪、渭等边境州"蕃部所给马价茶，缘路免其算"（《续资治通鉴长编》卷六一"景德二年八月乙巳"条），给茶马贸易大开方便之门。

真正建立起茶马互市制度，是在宋神宗熙宁年间。虽然太宗、真宗、仁宗时期也十分重视茶马贸易，但既没有固定的机构和制度，又主要是用钱帛进行交易，茶所占比例不大。这种方式存在的一大缺陷是用钱帛太多，一匹好马要五十千铜钱。同时，边疆少数民族对茶的需求也不能得到满足，所以政策调整势在必行。

宋代买马的地域包括回纥、吐蕃等，西南少数民族最主要的买场在陕甘地区，而用来买马的茶产地也近在川蜀。宋英宗治平元年（1064），买马官薛向就奏请于原、渭、德顺军三处买马场以盐钞买马，但卖马的客商更需要的是川茶。神宗熙宁初年，河南盐政使吕希道向朝廷提出，四川上供银两买蜀茶，调运到陕西交易蕃马。

直到南宋初都大提举茶马司才成立，其职责是："掌榷茶之利，以佐邦用。凡市马于四夷，率以茶易之。应产茶及市马之处，官属许自辟置，视其数之登耗，以诏赏罚。"（《宋史》卷一六七《职官七》）此机构设立后，绍兴四年（1134）初命四川宣抚司支茶博马，绍兴七年（1137）复置茶马官，并具体规定了茶马交易的地域、奖罚等相关制度。

二、民族交融

宋辽共存 165 年，相互间的关系以真宗景德元年（1004）澶渊之盟为界，分为前后两个时期，前期和战无定，后期基本和平相处。在两个时期，茶对于联系宋辽之间的经济与文化都起到了相当重要的作用。

由于辽位于不产茶的北方地区，所以宋辽间的茶叶都是单向从宋流向辽的。流动方式主要有三种：榷场贸易、走私贸易和馈赠。

早在宋太祖时期，宋辽两朝民间已有初步的贸易往来，但还没有设立正式的机构与官员管辖："契丹在太祖时，虽听缘边市易，而未有官署。"（《宋史》卷一八六《食货下八》）太平兴国二年（977）三月，宋置威胜军（今山西沁县），允许辽人互市。这是辽与宋建立的最早的榷场，以后又在镇、易、雄、霸、沧州各置榷务，辇香药、犀象及茶与辽交易，但很快关闭。

宋太宗北伐时于雍熙三年（986）下令禁止河北商民与辽人贸易。淳化二年（991），恢复雄州、霸州、静戎军、代州雁门寨为榷场，但不久再次关闭。咸平五年（1002），辽边臣请求置榷场，宋廷不许。四月癸巳，知雄州何承矩继请："去岁以臣上言，于雄州置场卖茶，虽赍货并行，而边氓未有所济"，"于是听雄州复置榷场"（《续资治通鉴长编》卷五一"咸丰五年四月癸巳"条），以卖茶为主。

澶渊之盟以后，宋朝逐渐在河北沿边设置榷场。景德二年（1005），"令雄州、霸州、安肃军置三榷场"，不久又在广信军置场（《宋史》卷一八六《食货下八》）；天禧二年（1018），"请令河北沿边榷场增钱入中大方茶货，依旧例给交抄"（《宋会要辑稿》食货三六之一四），河北四榷场成为宋辽两国茶叶贸易的主要场所。"终仁宗、英宗之世，契丹固守盟好，互市不绝"（《宋史》卷一八六《食下八》）。直到"（大观）三年，申当十钱行使之令，益以京东、京西，而河北并边州县镇寨、四榷场及登、莱、密州缘海县镇等皆禁"（《宋史》卷一八〇《食货下二》）。其彻底废止，大抵在徽宗政和年间宋辽关系恶化以后。

由于茶叶贸易利润较大，在榷场关闭时期，甚至在开放时期，宋辽之间还存在着大量的茶叶走私。由于走私既使政府损失利润，又客观上起到资助敌国的作用，所以朝廷多次下令严禁走私，禁限走私的物品包括粮食、茶叶等。如雍熙四年（987）下诏命令："沿边州军管属地分坊郭、乡村诸色人户，如敢辄将斛斗一升一合及造作粮食过入北界，及北界人户过来偷买，不计多少，并须用心收捉，赴所属州府勘罪，结案处斩讫奏……其断绝香药、茶货入北界，亦准此。"（《宋会要辑稿》兵二七之二）

因为走私贸易中辽人主要以粮食及羊马易茶，而宋朝"国家养兵之费全藉茶盐之利"，所以辽朝也用重罚手段禁止辽人用马匹同宋人交易，严禁"奸民鬻马于宋、夏界"（《辽史》卷九一《耶律唐古传》），"每擒获鬻马出界人，皆戮之，远配其家"（《续资治通鉴长编》卷八二"大中祥符七年六月壬戌"条），这也反证了辽宋间确实存在着频繁的茶马走私。

茶在宋辽榷场贸易、民间走私贸易和节日往来礼物中，扮演了重要角色，为彼此间的政治、经济、文化交流提供了良好的平台，客观上起到了促进民族融合的重要作用。

西夏是党项拓跋部建立的民族政权，逐渐发展成足以抗衡辽宋的地方政权。茶在宋夏、夏辽关系中，也发挥着相当重要的作用。

　　宋朝初年用铜钱在灵州买马，太平兴国八年（983）盐铁使王明言："沿边岁运铜钱五千贯于灵州市马……戎人得铜钱，悉销铸为器。"（《续资治通鉴长编》卷二四"太平兴国八年十一月壬申"条）因此，他希望废除这一制度，改为用茶叶、布帛及别的物品买马。此后，茶叶日渐深入夏人的社会生活，以至于"惟茶最为所欲之物"（《续资治通鉴长编》卷一四九"庆历四年五月甲申"条）。

　　景德三年（1006），西夏鉴于对北宋长期战争引起的财力困难，便改变策略与宋议和，上表请求归附。宋命赵德明为定难节度使，封其为西平王，"给俸如内地"，每年给"银万两，绢万匹，钱二万贯，茶二万斤"（《续资治通鉴长编》卷六四"景德三年十月庚午、丁丑"条）。次年，宋应请在保安军置榷场，宋夏双方展开榷场贸易，西夏以驼、马、牛、羊等物资交换北宋的纺织品及茶叶、瓷器等。宋仁宗即位，又在夏宋边境增设榷场。元昊时年13岁，曾谏言："茶彩日增，羊马日减，吾国其削乎。"（《东坡志林》卷四《夷狄》）可见宋、西夏茶丝与羊马交易量之大。

　　元昊继位后，于宋仁宗宝元元年（1038）正式称帝，国号大夏，建都兴庆府（今宁夏银川市），史称西夏。宋夏双方关系破裂，榷场关闭，互市断绝。西夏还时常对宋发动战争，加剧了财用不敷的局面，"黄鼠食稼，天旱，赐遗、互市久不通，饮无茶，衣帛贵，国内疲困"（《续资治通鉴长编》卷一三八"庆历二年"条）。于是又开始与宋议和，在与元昊的谈判过程中，茶是当然的筹码之一："置榷场于保安军，岁赐绢十万匹、茶三万斤，生日与十月一日赐赍之。"（《续资治通鉴长编》卷一四〇"庆历三年四月癸卯"条）

　　庆历四年（1044），宋夏重订和约，元昊取消帝号，由北宋册封为夏国主。"凡岁赐银、绮、绢、茶二十五万五千，乞如常数"（《宋史》卷四八五《夏国传》），宋每年给西夏银72000两，绢153000匹，茶

3万斤，并重开保安军和高平寨榷场。茶再次成为宋夏间避战求和历史进程中的重要物资之一。

五代后唐时，女真人多附属契丹。金建国后，就发动灭辽之战，并很快攻下辽朝北方首都上京。宋宣和二年（1120），宋背弃与辽的百年盟约，与金建立海上之盟共同攻辽。双方商定：辽亡后，宋将原给辽之岁币转纳于金国，金同意将燕云十六州之地归宋朝。金天会三年（1125），金成功灭辽，与宋国联盟破裂，大举攻宋。次年，金人占领了北宋的首都开封。直至金天兴三年（1234），蒙古人灭金，宋与金基本以淮河—秦岭为界对峙并存续了一百多年的时间。

联合灭辽的过程中金人看到宋朝的虚弱，在交割燕云之地的谈判中开始漫天要价，向宋人提出如下要求："但只要贵朝除与契丹岁币外，每岁添一百万贯，并依估定价折作绫锦、罗绸、木绵、隔织、绵丝、木绵、截竹、香茶、药材、细果等物，已具目子。如贵朝辄有分毫议减，即更不成和好。"（《三朝北盟会编》卷一四"宣和五年二月一日乙酉"条）要求宋朝在原给契丹的30万贯（后增至50万贯）的币岁之外，再添加100万贯，并且要按照估定价格折作丝绵、茶叶等物。

女真人在灭辽、灭北宋、入主中原后迅速汉化，在典章制度方面吸收辽朝与宋朝制度走向单一汉法制度，在手工业方面多继承宋朝成就，边界贸易方面还掌控了与西夏的榷场，在文化方面也逐渐趋向汉化，诗词等汉文化得到女真贵族的追捧，杂剧与戏曲在金朝得到相当的发展。

在饮食方面，茶也是女真人不可或缺的重要饮料，茶俗则与宋相同，也是客来设茶，客去设汤。金院本戏文《宦门子弟错立身》第十二出中茶坊里的茶博士上场念白便是："茶迎三岛客，汤送五湖宾。"所需茶叶，也和辽朝一样，大抵皆是通过外交往来、年节礼赠和榷场贸易获得，同时也不乏茶叶走私贸易所得。

从靖康年开始，宋与金往来致信时所附礼单中即可见到各种茶叶。《大金吊伐录》卷一记载靖康年间宋帝致金人的礼单中有如下的茶品："兴国茶场拣芽小龙团一大角，建州壑源夸茶二千夸（共二百角，每角十夸）。""茶五十斤：上等拣芽小龙团一十斤，小团一十斤，大团三十斤。"卷二记宋人致金人的礼单中有如下茶品："茶一合""小龙团茶一十斤，大龙团茶一十斤，夸子正焙茶一十斤"。

绍兴十一年（1141）十一月，宋金达成"绍兴和议"："与金国和议成，立盟书，约以淮水中流画疆，割唐、邓二州界之，岁奉银二十五万两、绢二十五万匹，休兵息民，各守境土。"（《宋史》卷二九《高宗纪》）岁币中，金人未要求茶叶，是因为对于入主中原不久的金人来说，茶叶还不属于急需之物，再则，有金银在手，购茶也不在话下。

"绍兴和议"的第二年，宋与金的榷场贸易开始。此后，由于战争而时兴时废，直到金世宗大定以后，双方进入和平时期，贸易才稳定开展。在宋、金分界线上，南宋于盱眙、光州、安丰军、随州、襄阳、天水军等处设立榷场；金则在泗州、寿州、颍州、息州、蔡州、唐州、邓州、凤翔、秦州、巩州、洮州、密州等处设置榷场。南宋贸易商品有茶、米、麦、绢、丝等，金的商品有盐、药材、马、羊等。

同时，无论在战争还是和平时期，榷场外的民间走私贸易从来都没停止过。走私物品以米、茶为大宗，而且茶的数量非常大，"鼎、澧、归、峡产茶，民私贩入北境，利数倍"（《中兴小纪》卷三七"绍兴二十六年六月"条）。"两淮间多私相贸易之弊，如茶、牛及钱宝三者，国家利源所在，而皆巧立收税，肆行莫禁。茶于蒋州私渡，货与北客者既多，而榷场通货之茶少矣。"（《建炎以来系年要录》卷一八六"绍兴三十年九月壬午"条）

因为私茶使政府损失榷场税收之利，南宋对私茶贩卖采取了严禁措施，但利之所在，加之民生困顿，多地还是出现了武装私贩茶叶的现象，"茶寇"始终都是南宋政府面对的棘手问题。

　　金朝茶叶走私也引发了大致相同的问题。南宋茶叶通过榷场与走私这公私两条途径大量涌入金境，金朝担心铜钱大量流入南宋，对经济与战争不利（出于同样的考虑，南宋也限制铜钱北流），于是从两方面着手设法解决此问题：一是立法，限制茶叶私贩。《金史》卷四九《食货四》载："茶，自宋人岁供之外，皆贸易于宋界之榷场。世宗大定十六年，以多私贩，乃更定香茶罪赏格。"二是自己置官设坊造茶，争取较多的自给自足。《金史》卷四九《食货四》又载："章宗承安三年八月，以谓费国用而资敌，遂命设官制之。以尚书省令史承德郎刘成往河南视官造者，以不亲尝其味，但采民言谓为温桑，实非茶也……罢之。四年三月，于淄、密、宁海、蔡州各置一坊，造新茶，依南方例每斤为袋，直六百文。以商旅卒夫贩运，命山东、河北四路转运司以各路户口均其袋数，付各司县鬻之。买引者，纳钱及折物，各从其便。五月，以山东人户造卖私茶，侵侔榷货，遂定比煎私矾例，罪徒二年。"但由于所造新茶味道不佳，有司又强行分配于民，至茶无法出售，只得于金泰和五年（1205）春"罢造茶之坊"。

三、海外传播

　　茶自唐代开始向世界各地传播，影响了很多国家和民族的生活习惯。东亚的日本、朝鲜半岛，多是在唐朝中晚期将茶引入本国的。高丽王朝金富轼的《三国史记》有关于引进中国茶树种子的记载。日本则是有大批的学问僧，比如空海大师等把饮茶习俗带回日本，而且逐渐被日本贵族所接受。唐朝时期从波斯湾到中国东南沿海的海上商路是十分畅通的，运输商船都是中国的。在广州、明州（今浙江宁波）、泉州等沿海城市都有不少来自南亚、中东等地的客商。比如阿拉伯人写的《中国印度见闻录》就记录了当时唐朝政府收取茶税的情况。他说："国王本人的主要收入是全国的盐税以及泡开水喝的一种干草税。……中国人称这种草叶叫'茶'。"中国茶种传播海外最早是从宁波开始的。唐贞元二十一年（805）[①]，到浙东学佛的日本高僧最澄，携带天台山等地的茶叶、茶籽，从明州回日本，这是中国茶种传播海外的最早记载。最澄将带去的浙东茶籽种于京都比睿山日吉茶园等地，成为日本最古老的茶园。

到宋代，海上丝绸之路也是瓷、茶之路。在中外茶文化交流中，官方推动、商业贸易、宗教活动成为主要路径。

宋高宗认为："市舶之利最厚，若措置合宜，所得动以百万计，岂不胜取之于民？朕所以留意于此，庶几可以少宽民力尔。"（《宋会要辑稿》职官四四之二〇）统治者认识到通过对外贸易增加国家收入远胜于从民众身上榨取，所以大加推动，加上宋代的造船和航海等技术非常先进，可以建造适合远洋航运的大型船只。南宋吴自牧《梦粱录》卷一二《江海船舰》载："海商之舰，大小不等。大者五千料，可载五六百人；中等二千料至一千料，亦可载二三百人……论舶商之船，自入海门便是海洋，茫无畔岸，其势诚险，盖神龙怪蜃之所宅。风雨晦冥时，唯凭针盘而行，乃火长掌之，毫厘不敢差误，盖一舟人命所系也。"

北宋元丰元年（1078），宁波已造出两艘当时世界上吨位最大的"万

---

① 贞元二十一年正月至八月系唐顺宗李诵在位时期，其退位后下诏文："宜改贞元二十一年为永贞元年。"

斛神舟"，主要用于官方外交和海外贸易。指南针也已经很成熟地运用于远洋航运。宋朝与东南亚、南亚、西亚、北非的海上交通历史悠久，船员经验丰富，航线熟悉，货物交易品种也比较固定，所以比较早地形成了重要的海上丝绸之路。

至北宋末，徽宗曾多次希望与日建交，但都因为日本的不称臣政策而被搁置，而且日本政府对中国商船采取限额政策，致使许多中国商船避开官营港口，直接驶入由私家庄园管制的港口，直接与庄园领主进行走私贸易。北宋政和六年（1116）之后的一段时间，在日本史料上很难找到关于中国商船的记载。

南宋初期，中国方面也没能与日本继续进行外交活动。直至宋孝宗隆兴二年（1164），南宋才与金达成和议，双方休战，南宋政权始得稍安。其后，南宋渐次展开与周围各国的交往。在此期间，日本新兴的武士势力——平氏集团崛起。而平氏集团的发家与日宋贸易有密切的关系。南宋与金议和，政局转入安稳期，顺应形势，一场规模浩大、以日本商船和日本僧侣大量来华为主要方式的中日交流高潮便拉开了序幕。

南宋乾道八年（1172），明州官府给日本政府送去牒状和礼品，牒文中有"赐日本国王"的提法。对此，日本有人不满，提出应立即退还牒状和礼品。而平氏出于扩大日宋贸易的考虑，于次年三月毅然给宋方发了复牒，并以后白河法皇（退位后出家的天皇）和平家的名义还礼。《宋史·日本国传》中记载道："乾道九年，始附明州纲首，以方物入贡。"就这样，新兴的武士集团——平氏通过日宋贸易稳定了国库的收支，积累了大量财富。日本13世纪成书的《平家物语》如此描写平氏家族的财产："日本全土共有66国，而平氏一族就占了30多个，其外另有无数的田庄。他家里绮罗充室、花锦酒堂、轩骑群集，门前若市。家中有（中国）扬州之金、荆州之珠、吴郡之绫、蜀江之锦，七珍万宝，无有缺漏。"

平氏集团还废除了二百年来的国人不许私自下海的政令，一时间，豪族、平民、僧侣们争先恐后地涌进南宋，入宋的日本船只"轴舻相衔"。这期间120位来华日僧及南宋15位东渡僧人均是利用商船得以来往的，商船之盛可见一斑。《宋史·日本国传》记载："（淳熙）三年，风泊日本舟至明州，众皆不得食，行乞至临安府者复百余人。诏人日给钱五十文、米二升，俟其国舟至日遣归。"据《宋史》载，1183年、1193年、1200年、1202年均有类似事件发生。至1254年，日本政府畏惧西日本地方豪族的经济实力因日宋贸易而过度增强，便下令以后每年驶宋日船限为五艘，这也从侧面反映了南宋末期日船来华的频率。大量的日本人来华，对日常性、实践性极强的中国茶饮文化逐渐有了深入的了解。许多日商、日僧从中国带回了茶、茶书、茶具，并积极传播饮茶方法和饮茶情趣，这段历史前后持续200年左右，成为中国茶饮文化在日本获得大范围普及的时期。其中在中国学习修行后又将宋代的茶文化介绍到日本，对日本茶道的形成产生重要影响的日本僧人主要有：

荣西（1141—1215），1168年来宋后，先后在四明阿育王山、丹丘、天台山等地学佛5个月左右；1187年再次来宋，拜天台山临济宗黄龙派虚庵怀敞为师，1191年回国。他不但带去了禅宗，创立"叶上派"，成为"千光祖师"，而且传播了茶文化。他对茶文化的传播作出了三大贡献：

荣西禅师木雕坐像（日本寿福寺藏）

148

一是把茶籽带回日本播种，一路播撒，培植了日本古老的茶园。二是著有《吃茶养生记》，在书里对茶大加赞叹："茶也，养生之仙药也，延龄之妙术也。山谷生之，其地神灵也……不可不摘乎！"促成日本再度兴起饮茶之风。三是将南宋时盛行的末茶冲点法传入日本，并一直为后来的日本茶道所沿用。由此，荣西在日本被尊为"茶祖"。

日本禅学曹洞宗创始人道元（1200—1253），1223年入宋求法，最后在浙东鄞县（今宁波鄞州区）天童寺如净禅师处开悟。1227年回国后，他将在宋留学所悟写成《正法眼藏》95卷（其中用汉语写了12卷），并最早把宋的禅院清规完整地用于日本禅院，其中吃茶、行茶、大座茶汤等礼法仪式对后来日本茶道的形成产生了深远影响。

被尊为"日本陶瓷之祖"的加藤四郎，1223年随道元来庆元府（今浙江宁波）学习中国陶瓷制作，学成回国后创建濑户窑，仿照青瓷和天目瓷烧制陶瓷品和茶道、花道器具等，为中国茶器具日本化发挥了重要作用，日本学者木宫彦泰《日中文化交流史》称赞他"为日本陶瓷技术开辟了新纪元"①。

南浦绍明（1235—1308），约在1259—1260年间入宋，在都城临安（今浙江杭州）师从虚堂智愚学习佛法，先后在净慈寺和径山寺修学。1267年南浦绍明回国，将中国一些茶典以及径山寺茶礼和茶宴传回日本，成为日本茶道的重要源头之一。

同时，中国僧人赴日传教也对两国茶文化交流产生过重要影响。比如在天童寺任过首座的无学祖元应邀赴日，在松江真净寺任住持的清拙正澄东渡日本，都将两宋的丛林清规和茶礼传进日本，堪为日本禅院茶礼和茶道礼法之先驱。包括日本茶道器具中重要的"天目碗""天目台"，也是从宋代浙江天目山一带的佛寺中传到日本而得名的。

---

① 〔日〕木宫彦泰：《日中文化交流史》，胡锡年译，商务印书馆，1980年，第387页。

相对于与日本之间的关系而言，宋与高丽之间的关系与日不同，两国官方往来较为频繁，除了仁宗到神宗期间因契丹的干扰而中断40年外，北宋与高丽始终保持着良好的外交关系。宋与高丽之间长期存在着贡赐形式的官方贸易、文化交流。

由于海潮及季风的关系，宋朝与高丽之间的交通路线主要有从胶东半岛和明州出发这两条途径。政和四年（1114）以后，宋与高丽的官方交流及商贸往来，基本上在明州港进出，偶尔也经由秀州（今浙江嘉兴）港。明州到高丽的海上航程，如顺风，一般在5—7天。据徐兢《宣和奉使高丽图经》卷三《城邑·封境》记载："由明州定海放洋，绝海而北，舟行皆乘夏至后南风，风便，不过五日即抵岸焉。"

从元丰二年（1079）起，朝廷明令明州成为宋与高丽贸易的口岸，朝廷的使节也都从明州定海（今宁波镇海区）出发。高丽来明州的使臣和商人日益增多，为了接待他们，北宋政府在明州兴建了高丽行使馆供他们旅居，并赐明州及定海县高丽使馆名曰"乐宾"，亭名"航济"。政和七年（1117），又有人建议在明州设高丽司（即来远局），专门负责高丽的接待事务，还有两只名为"百舵画舫"的大型游船停泊在招宝山下，专供高丽人出海游赏使用。从元丰起，宋政府厚礼高丽人，高丽人泛海而至明州，则由两浙明州、越州沿运河一路到汴京，"朝廷馆遇燕赍赐予之费以巨万计，馈其主者不在焉"（《宋史》卷四八七《高丽传》），以致出现了困于供给的状况。但是后来因为均受周边劲敌辽、金、西夏的胁迫，宋与高丽双方都心存畏惧和猜疑，终于至乾道九年（1173）六月宋商纲首徐德荣奉使高丽后，断绝了正式的官方关系。

从此，在海上从事贸易活动的两国商船，负担起两国间的交通往来。如《宝庆四明志》卷六《郡志六·叙赋下·市舶》所记，明州与高丽"礼宾省以文牒相酬酢，皆贾舶通之"。开庆元年（1259），庆元府《收刺丽国送还人》也是由海商舶贾完成的。宋与高丽之间的茶文化交流就是在这样的背景下展开的。

宋茶在高丽备受欢迎。高丽人饮用宋茶，宋向高丽销售茶是有史可证的。徐兢在其《宣和奉使高丽图经》卷三二《器皿三·茶俎》中写道："（高丽）土产茶味苦涩，不可入口，惟贵中国蜡茶并龙凤赐团。自锡赉之外，商贾亦通贩，故迩来颇喜饮茶。益治茶具，金花乌盏、翡色小瓯、银炉汤鼎，皆窃效中国制度。凡宴则烹于廷中，覆以银荷，徐步而进。候赞者云：'茶遍乃得饮，未尝不饮冷茶矣。'馆中以红俎布列茶具于其中，而以红纱巾幂之。"高丽僧侣和文人的诗作中也有不少佳句涉及宋茶。如松广寺七代住持圆鉴在其《山居》诗中写道："饥餐一钵青蔬饭，渴饮三瓯紫笋茶。"可见中国浙江长兴所产的紫笋名茶那时已远播高丽了。他还在《谢金藏大禅师惠新茶》中写道："慈赐初惊试新焙，芽生烂石品尤珍。平生只见膏油面，喜得曾坑一掬春。"曾坑是宋朝北苑官焙名品之一，爱茶诗僧当然喜出望外。

高丽太祖《训要》第四条称："惟我东方，旧慕唐风，文物礼乐，悉遵其制。"（《高丽史》卷二《太祖二》）表明高丽对于宋朝的文物与礼乐制度，持追慕遵循之心。在茶文化方面也是如此。

元丰时高丽国王获赐上品的龙凤贡茶之后，好茶之风蔓延高丽上层社会。郑麟趾《高丽史》记成宗元年（982），成宗试图在佛教礼仪功德斋中亲自点茶，大臣崔承老觉得不甚妥，建议简化茶的礼仪规则。"窃闻圣上为设功德斋，或亲碾茶，或亲磨麦。臣愚深惜圣体之勤劳也。"（《高丽史》卷九三《崔承老传》）表明高丽所用饮茶方式为宋代的点茶法。

《高丽史》卷六九《礼十一·嘉礼杂仪·上元燃灯会仪》中记录燕宴时的国王赐茶礼：

茶房设果安（案）于王座前，设寿尊案于左右花案南。……

王服赭黄袍出，坐殿，鸣鞭，禁卫奏，山呼再拜。……阁门员分东西引上殿，左右执礼官承引就席后立定，公侯伯分东西位取。上命近侍官进茶，执礼官向殿躬身劝。每进酒进食，执礼官皆向殿躬身劝，后皆仿此。次赐太子以下侍臣茶，茶至，执礼官赞："拜！"太子以下再拜。执礼官赞："饮！"太子以下皆饮，讫，揖。每设太子以下侍臣酒食，左右执礼赞拜、赞饮、赞食。后皆仿此。

还有对大臣的赐茶之礼，成宗八年（989），大臣崔承老去世，成宗赐茶等物赙助丧葬之用："八年卒，谥文贞，年六十三，王恸悼，下教褒其勋德，赠太师。赙布一千匹，面三百硕，粳米五百硕，乳香一百两，脑原茶二百角，大茶一十斤。"（《高丽史》卷九三《崔承老传》）这表明茶在高丽也用作丧葬之礼。

宋朝先茶后汤的风俗在高丽也很流行。徐兢出使高丽所受款待是"日尝三供茶，而继之以汤，丽人谓汤为药。每见使人饮尽必喜，或不能尽，以为慢己，必怏怏而去，故常勉强为之啜也"（《宣和奉使高丽图经》卷三二《器皿三·茶俎》）。茶汤是高规格的待遇，如不饮尽，高丽人会不高兴，误认为招待不周。

高丽对宋朝的茶具也很追慕并加以仿效。徐兢《宣和奉使高丽图经》卷三一《器皿二·汤壶》记录了高丽的一些茶具，如喝茶用的盏、瓯，生火的银炉汤鼎，盛水而煮的汤壶。其"汤壶之形，如花壶而差匾，上盖下座，不使泄气，亦古温器之属也。丽人烹茶多设此壶，通高一尺八寸，腹径一尺，量容一斗"。

相传五代时高丽已经成功仿制越窑瓷器（现称为高丽青瓷或高丽秘色），当时高丽人则自称为翡色瓷。

徐兢《宣和奉使高丽图经》卷三二《器皿三·陶尊》对于高丽翡色

瓷有如下记载："陶器色之青者，丽人谓之翡色。近年以来，制作工巧，色泽尤佳。酒尊之状如瓜，上有小盖，而为荷花伏鸭之形，复能作碗、楪、杯、瓯、花瓶、汤盏，皆窃仿定器制度。"又同卷《陶炉》载："狻猊出香，亦翡色也。上有蹲兽，下有仰莲以承之。诸器惟此物最精绝。其余则越州古秘色、汝州新窑器，大概相类。"

当时瓷器输出盛况，在宋人朱彧《萍洲可谈》卷二中有记载："甲令：海舶大者数百人，小者百余人，以巨商为纲首……舳船深阔各数十丈，商人分占贮货，人得数尺许，下以贮物，夜卧其上。货多陶器，大小相套，无少隙地。"出口陶瓷中当有相当数量的茶具，从中也可见当时茶文化对外传播与交流的盛况。

能够弥补文献记载的最有力的证明是出土出水文物。1975年在韩国全罗南道新安郡海域发现的"新安沉船"出水遗物22000多件，中国陶瓷占20691件，其中龙泉窑产品生产年代为南宋后期到元代中叶。

各色茶具（选自酒井忠恒编、松谷山人吉村画《煎茶图式》）

据研究者统计，出水瓷器中的茶具大致有以下几类：碗（2000多件，约14%）、罐（170多件，约1.2%）、执壶（150多件，约1%）、盏托（20多件，约0.1%），还有少量杯、盒、石磨、研磨碗、杵等。其中还发现有建盏、茶叶等物品。这也可佐证当时海上贸易，茶和瓷都是重要物资。新安沉船出水的石磨与刘松年《撵茶图》所绘石磨形制完全一致，这弥补了国内出土文物中未见此物的遗憾。另外，有趣的是标号"新安9475"的磁州窑黑釉碗，为后来出现的韩国、日本类似器形提供了另一个源头性参考。①

在东南亚、西北非的许多国家和地区，也出土了数量可观的宋元陶瓷器物，其中也有少量的茶器具。随着海路贸易的发展，茶和茶器具也被贩运到东南亚以及北非等国。《宋会要辑稿》刑法二之一四四载，嘉定十五年（1222）十月十一日，臣僚言："国家置舶官于泉、广，招徕岛夷，阜通货贿。彼之所阙者，如瓷器、茗、醴之属，皆所愿得。……彼既习用中国之物，一岁不通，必至乏用，势不容不求市于我。"但是宋高宗注意到以茶等货物与外商交易中的一个严重问题。建炎四年（1130）三月，宣抚使张浚奏："大食国遣人进珠玉宝贝。"宋高宗说："大观、宣和间，川茶不以博马，惟市珠玉，故武备不修，遂致危弱如此。今复捐数十万缗易无用之物，曷若惜财以养战士乎？"（《宋史》卷一八六《食货下八》）可以说，在对外贸易中不同意以茶换"无用之物"是很有见地的。但是也可以反证当时和外商交易的物品，茶占有很大的比重。

---

① 参见沈冬梅、黄纯艳、孙洪升：《中华茶史》（宋辽金元卷），陕西师范大学出版总社，2016年，第409页。

琼蕊风流 QIONGRUI FENGLIU

宋茶文化的浙江贡献

宋代茶业和茶文化，随着国家基本统一后的政治稳定、社会安定和经济发展逐步走向了鼎盛时期。浙江在北宋是富庶的大后方，在南宋是政治、经济、文化中心和对外交流的重要口岸，经济文化发达、环境气候优越、生产技术领先，都为茶业发展创造了良好的条件。

一、茶业之盛

在宋代，浙东、浙西两路（相当于省级行政治权）州州都产茶。按国家控制的茶叶专卖（榷茶）口径统计，宋太宗太平兴国二年（977）全国榷茶 2306.2 万斤，其中两浙的杭、苏、明、越、婺、处、温、台、湖、常、衢、睦十二州为 127.9 万斤。苏州、常州虽然当时归属两浙，但由于北宋时期正逢气候进入寒冷期，腊月时节整个太湖都结成厚冰，可行车马，所以苏、常二州茶叶产量所占份额并不高。到南宋，浙江茶叶产量在全国所占份额大增。据《宋会要辑稿》食货二九《产茶额》所载，南宋高宗绍兴三十二年（1162），全国所产茶叶为 17811844 斤。两浙东路为 1063020 斤，其中绍兴府 385060 斤，明州 510435 斤，台州 19258 斤，温州 56511 斤，衢州 9500 斤，婺州 63174 斤，处州 19082 斤；两浙西路 4484615 斤，其中临安府 2190632 斤，湖州 161501 斤，严州 2120160 斤，平江府吴县 6200 斤，常州宜兴 6122 斤。从这个统计可以看出，南宋浙江无一州府不产茶，而且浙江茶叶产量在全国占有很大的比例，除去今属江苏的常州宜兴和平江府吴县 12322 斤，浙江仍余 5535313 斤，在全国茶叶生产总量所占的份额从北宋初（宋太宗太平兴国二年，977）的 5.5% 上升为南宋初期（高宗绍兴三十二年，1162）的近三分之一。

"上品茶"是在宋代建立起来并得到有力推行的，可以说是当今所说品牌的"老祖宗"。北苑贡茶起了示范和带动作用，斗茶之兴则推波助澜，直接的产物就是宋代名茶如雨后春笋般涌现。《宋史》卷一八四《食货下六》说："茶之产于东南者……霅川顾渚生石上者，谓之紫笋，毗陵之阳羡，绍兴之日铸，婺源之谢源，隆兴之黄龙、双井，皆绝品也。"霅川就是今天流经浙江湖州的霅溪。湖州长兴的顾渚紫笋茶在唐代大历五年（770）就是贡品，当时这里置有贡茶院，至北宋初先贡而后罢，到南宋又重新成为贡品。顾渚紫笋茶历经千年，如今仍是陆羽盛赞"紫者上""笋者上"的茶中名品。

绍兴日铸茶也叫"日注茶"，原产于浙江绍兴的日铸岭，在宋代极负盛名。宋《嘉泰会稽志》卷九说："日铸岭，在（会稽）县东南五十五里，地产茶最佳。欧阳文忠《归田录》：草茶盛于两浙，两浙之品，日铸第一。黄氏《青箱记》云：日铸茶，江南第一。华初平云：日铸山茗，天真清烈，有类龙焙。"日铸茶不负先人赞誉，历尽沧桑，当代仍为中国名茶。

另据《嘉泰会稽志》卷一七《日铸茶》所载，当时还有一种出自日铸而又与日铸齐名的茶，称作"瑞龙"："今会稽产茶极多，佳品惟卧龙一种，得名亦盛，几与日铸相亚。卧龙者，出卧龙山，或谓茶种初亦出日铸，盖有知茶者谓二山土脉相类，及艺成信亦佳品……自顷二者皆或充包贡，卧龙则易其名曰'瑞龙'，盖自近岁始也。"此外，宋代绍兴名茶还有天衣山丁坞茶、陶宴岭高坞茶、秦望山小朵茶、东土乡雁路茶、会稽山茶山茶、兰亭花坞茶、诸暨石笕茶、余姚化安瀑布茶等，以及宋高似孙《剡录》所载的五龙茶、真如茶、紫岩茶、鹿苑茶、大昆茶、小昆茶、焙坑茶、细坑茶。

杭州自唐代起就盛产名茶，至宋有文献记载的如前面所述外，还有於潜县所产的黄岭山茶，"黄岭山佳茗"一直到明清都是贡茶。

鸠坑茶为古代茶树名种，原产睦州（后改名严州）淳安县。唐代起，这里便向朝廷进贡鸠坑茶。据明代《嘉靖淳安县志》说："鸠坑源，在县西七十五里。其地产茶，以其水蒸之，香味加倍。"新安所产腊芽茶，在宋代也曾为贡品，罢贡后渐渐被淹没，可见贡茶虽有盘剥茶区茶农之恶，但也有以"上品茶"带动茶叶品质优化、茶叶影响延续之效。

台州天台山，是浙江四大名山之一，是佛教天台宗的发祥地，也是浙东名茶产地。宋代《嘉定赤城志》卷三六说："按陆羽《茶经》台越下注云：生赤城山者，与歙同。桑庄《茹芝续谱》云：天台茶有三品，紫凝为上，魏岭次之，小溪又次之。紫凝，今普门也；魏岭，天封也；小溪，国清也。而宋公祁答如吉茶诗，有'佛天雨露，帝苑仙浆'之语，盖盛称茶美，而不言其所出之处。今紫凝之外，临海言延峰山，仙居言白马山，黄岩言紫高山，宁海言茶山，皆号最珍，而紫高、茶山，昔以为在日铸之上者也。"

金华古称婺州，举岩茶早在五代时便已经闻名于世，宋代吴淑《事类赋》卷一七引五代毛文锡《茶谱》载："婺州有举岩茶，斤片①方细，所出虽少，味极甘芳，煎如碧乳也。"宋代举岩茶列为贡品。至明代，其誉更盛。李时珍《本草纲目》、黄一正《事物绀珠》、张谦德《茶经》等书都将其列为佳品。

浙江茶业兴旺也表现在对外贸易上。北宋继第一个海外贸易管理

---

① 斤片，《续茶经》卷下引《潜确类书》作"片片"。

机构——广州市舶司之后，又陆续在杭州、明州、泉州、密州设置市舶司，在秀州、温州、江阴设置市舶务，为朝廷掌蕃货、海舶、征榷、贸易之事。可见浙江的杭州、明州（今宁波）、秀州（今嘉兴）、温州在北宋时期已成为重要的通商口岸。

南宋时，朝廷设有8个市舶司，其中浙江占4个，分别是秀州澉浦（今嘉兴海盐）、杭州、明州和温州。前文所述的明州非凡的造船能力（已造出2艘当时世界上吨位最大的"万斛神舟"）也是开展远洋外贸的重要条件。在宋代，明州成为中国对外交往的主要港口，茶叶、茶具、丝绸等物产源源不断地输出到世界各地。朝廷还在明州设高丽使馆，专事与高丽（今朝鲜半岛）官方往来及海上丝、茶等贸易事务，今遗址尚存。茶具和茶一样也是"海上丝绸之路"的主要商品，浙江和全国各地窑口一起，尽力扩大外销订单，宋代茶器具随瓷器一起在海外全面开花，产生了久远的影响。

二、茶文之兴

在宋代，浙江的茶文化非常繁荣。茶诗词紧随茶文化的高度繁荣而涌现出众多的大家名篇，浙籍和客寓浙江的诗人词家为后人留下了众多脍炙人口的佳作。据《全宋诗》《宋代禅僧诗辑考》《全宋诗辑补》统计，宋代写茶诗词留有作品者约1045人，其中浙籍227人，占五分之一多。著名的比如有首倡茶德的杭州人强至，著有茶法和自然科学、工艺技术名著的沈括（其著《梦溪笔谈》被英国科学史家誉为"中国科学史上的里程碑"），以"梅妻鹤子"著称的林逋，不畏权势的著

〔北宋〕米芾《苕溪诗帖》

名清官赵抃，著名爱国诗人陆游，婺州学派领袖吕祖谦，著名词人朱淑真、吴文英、毛滂等，江湖诗人戴复古，亲历灭国流亡惨状的汪元量；如果加上曾经在浙江为官、游历、客寓写过茶诗词者，如范仲淹、欧阳修、王安石、苏轼、梅尧臣、蔡襄、米芾、秦观、黄庭坚、李清照、范成大、辛弃疾、朱熹、文天祥等，更是蔚为大观了。

宋代的浙江茶书画也在中国美术史上留下了浓墨重彩的一笔。苏轼第二次来杭州为官任的是知州。他到龙井拜访僧友辩才，辩才送苏轼时破了他送人不越虎溪的规矩，后来干脆建了一个亭子，名曰"过溪亭"，又名"二老亭"。辩才作《龙井新亭》，其中有句："煮茗款道论，奠爵致龙优。过溪虽犯戒，兹意亦风流。"元祐五年（1090），苏轼次其韵书写了《次辩才韵诗帖》，如今藏于台北故宫博物院。如今在老龙井狮峰山东麓岩壁上的"老龙井"摩崖石刻，也传为苏轼所题。

"宋四家"之一的米芾为浙江湖州留下著名长卷《苕溪诗帖》，其中也描绘了他和友人兴高采烈的点茶之乐。米芾还曾将秦观的《游龙井记》手书后刻于石碑，成为寿圣寺一宝。他还书刻了守一和尚撰写的《龙井方圆庵记》，为此还书写了一篇长跋。

刘松年，南宋宫廷画家，钱塘（今浙江杭州）人，擅长人物画。其传世作品很多，涉茶画作就有《斗茶图》《茗园赌市图》《博古图》

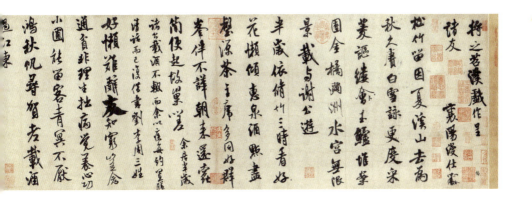

《撵茶图》等多幅，对于我们了解宋代茶事有很高的学术参考价值。《斗茶图》完全反映民间斗茶之趣，茶贩四人歇担路旁，相互斗茶，各自夸耀，其中三人身挎雨伞。右侧二人已捧茶在手，左侧一人正在提壶注水，另一人一边给风炉扇风煮水，一边扭头回望其他三人。茶担多层，设计精巧，置有茶炉、汤壶、蒲扇、茶盏、茶罐等器物。画面工写兼备，细致与豪逸并存。在刘松年之后，元代赵孟頫、明代顾炳都画有《斗茶图》，但明显是从刘松年的《斗茶图》和《茗园赌市图》演变而来的。

宋末元初湖州人钱选（约1239—约1300）的茶画，也深受刘松年的影响。他的《卢仝烹茶图》纸本设色，纵128.7厘米，横37.3厘米，台北故宫博物院藏。画中主人公是自号玉川子的卢仝，表现了他与童

〔南宋〕刘松年《斗茶图》

子坐在芭蕉下烹茶的情景，栩栩如生。

宋代茶学发达也离不开浙人的贡献。钱易（968—1026），字希白，杭州临安（今杭州市临安区）人。北宋文学家、佛学家、书法家。今存《南部新书》10卷，其中有很多唐五代茶史的记录，如卷五就有"唐制，湖州造茶最多，谓之'顾渚贡焙'，岁造一万八千四百八斤。焙在长城县西北，大历五年以后始有进奉"的记载。

湖州人叶清臣（1000—1049）著有《述煮茶泉品》，将茶与水同时加以研究阐述。

北宋科学家、政治家沈括（1031—1095），钱塘（今浙江杭州）人。他写的《梦溪笔谈》可视作当时中国科学技术之集大成著作，其中不少篇幅是论茶的，特别是在"官政"目下详记了"国朝茶利""茶法""租额钱"，记录了他主持"三司"（类似财政部门）之前的茶法变更和每年的茶税收入，成为极其珍贵的茶法历史资料。"茶法"第一次将国家的茶叶经济和政策、法规引入茶书专门著述，实为茶学研究的开创之举。继沈括之后，任两浙转运使的沈立，也著有《茶法要览》，并以此上书朝廷"陈通商之利"而被采纳。

左文质，生平待考，北宋景德年间任湖州长史，撰有《吴兴统记》，虽书已亡佚，但清代有辑本，里面有关于长兴贡茶院的记载。

朱彧，字无惑，乌程（今浙江湖州）人。著有《萍洲可谈》3卷，是比较重要的宋人笔记，对榷茶、点茶、茶会均有记载。

周密（1232—约1298），字公谨，原籍济南，后为吴兴（今浙江湖州）人。他有多种笔记类著作存世，留下很多关于茶叶、茶事、茶具等的文字。

客寓浙江的外籍茶人对茶学也多有贡献。

叶梦得（1077—1148），字少蕴，原籍吴县（今江苏苏州），居乌程（今浙江湖州）。曾官江东安抚制置大使，兼知建康府、行宫留守，后归隐湖州弁山。其著作颇丰，也关注茶和水的关系，在《避暑录话》

中有精到的论述。

胡仔（1110—1170），字元任，绩溪（今属安徽）人，后卜居苕溪（即今湖州），自号苕溪渔隐，编有《苕溪渔隐丛话》100卷，里面有不少对茶诗的茶叶茶事考证和论述。

宋代重茶也重器。在南方越窑、建窑、龙泉窑、景德镇窑四大名窑中，浙江越窑、龙泉窑占其二；在"汝定钧官哥"五大官窑器中，龙泉哥窑、南宋官窑皆出浙江，又占其二。这些窑口生产的茶器具与江南地理、饮食、文化高度契合，根基深厚，北宋初就深受全国茶人的喜爱。

三、茶都之立

"茶为国饮""杭为茶都"是当代提出的命题，但其源头在古代已经成形。"茶为国饮"在唐代已奠定了扎实的基础，陆羽《茶经》问世即是标志，没有茶业和茶文化之兴，就不可能有这样的茶文化经典之作出现。"茶为国饮"至宋已蔚然成风，在中华大地，不仅汉族，连少数民族，甚至政权分立的契丹、女真、西夏都深受影响。宋元后，随明代散茶泡饮普及，直至当代，"国饮"地位更不可动摇，现在的努力是希望茶人更众、茶品更丰、茶质更优、茶文更盛、茶科技更强、茶生活更深入寻常百姓家。"杭为茶都"比"茶为国饮"来得更晚些。在农耕文明、自然经济时代，政治、经济、文化中心往往集一体于都城，"茶都"自然随之：在唐代，是都城长安；在北宋，是都城开封，孟元老所著《东京梦华录》、张择端所绘《清明上河图》，以及诸多北宋诗文皆可见证；至南宋，"茶都"之名自然非都城临安（今浙江杭州）

莫属。

南宋"杭为茶都"除政治条件，如皇帝高官带动、官府着力推行、法规政策保障有力外，还有以下明显优势：

第一，经济发达。南宋时都城临安的商业十分发达，远远胜过北宋都城开封。吴自牧《梦粱录》卷一三载："大抵杭城是行都之处，万物所聚，诸行百市，自和宁门权子外至观桥下，无一家不买卖者，行分最多，且言其一二，最是官巷花作，所聚奇异飞鸾走凤，七宝珠翠，首饰花朵，冠梳及锦绣罗帛，销金衣裙，描画领抹，极其工巧，前所罕有者悉皆有之。""盖因南渡以来，杭为行都二百余年，户口蕃盛，商贾买卖者十倍于昔，往来辐辏，非他郡比也。"杭州作为当时世界经济最繁华发达的城市，对茶叶的生产和消费无疑起到了巨大的刺激作用。

第二，文化繁荣。"东南财赋地，江浙人文薮。"南宋统治者兴文重教，临安除官学之外，私塾、书院、经馆、精舍比比皆是，民众文化程度大为提高，茶文化也随之水涨船高。

第三，饮茶人众。南宋都城临安城市人口据说最多时达150万，是当时世界上人口数量最大、最富裕的城市，饮茶、用茶、赏茶的人口和家庭自然最多。茶是市民开门七件事之一，每日不可或缺。人们雅好在饭余酒后饮茶聊天，以解一天的疲劳。茶肆饮茶休闲更是众人的一大嗜好。

第四，佳茗众多。从南宋开始，杭州逐渐成为中国名茶高地。白云茶、香林茶、宝云茶、垂云茶、黄岭茶等都传承久远，为西湖龙井茶铺垫了厚实的基础。

第五，名人云集。在两宋，除本籍茶人外，一大批著名爱茶诗人、学者、官员前后来杭州，对杭州茶文化产生了巨大推力。

第六，茶馆繁荣。据《梦粱录》《都城纪胜》《武林旧事》等书

〔宋〕佚名《斗茶图》（清人摹本）

所载，南宋城内茶肆遍布，仅著名的大茶坊就有清乐茶坊、八仙茶坊、珠子茶坊、潘家茶坊、连三茶坊、连二茶坊、潘节干茶坊、俞七郎茶坊、朱骷髅茶坊、郭四郎茶坊、张七相干茶坊、黄尖嘴蹴球茶坊、蒋检阅茶肆、王妈妈家茶肆（又名"一窟鬼茶坊"）、大街车儿茶肆等数十家，反映了杭州茶馆茶楼业的繁盛。

第七，官窑重兴。宋人不仅重茶，也非常重视水和器。专著、文章、诗词屡见不鲜。杭州虎跑泉、龙井泉都是当时用茶的名泉，苏轼等人都留下吟咏二泉与茶的诗歌。宋人对茶器也特别讲究，朝廷南渡局势稳定后，就在杭州重建官窑。在朝廷带动下，茶、水、器三位一体从杭州开始发端，影响一直延续到当代。

第八，禅茶圣地。两宋时期，浙江成为国际禅茶交流的一大中心。北宋时，日本高僧成寻于宋神宗熙宁五年（1072）到达杭州，逗留了19天，对中国茶饮产生极大兴趣，后来在《参天台五台山记》里记录了他所经历的茶事，包括杭州龙华寺、兴教寺、净慈寺、明庆寺等寺院的法会茶事，他还在日记里记录了他在杭州喜获陆羽撰写的天竺、灵隐二寺碑文一事。

写成日本第一部茶书《吃茶养生记》的荣西，在日本被尊为"茶祖"。他曾来杭州，见习并记录了南宋皇家茶园的采茶场景。

杭州径山茶宴在南宋时发源于杭州径山万寿禅寺，到南宋中后期，径山成为僧界参谒嗣法的圣地。由于前来嗣法的日僧也越来越多，径山寺成为与日本关系最为密切的寺院，圆尔辨圆（1202—1280）是第一个真正嗣法径山寺第三十四代住持无准师范的日僧。后来的日僧南浦绍明（1235—1308）随径山寺住持虚堂智愚上径山学习佛学、种茶、制茶。他们回国后将径山茶宴、径山茶带回日本，力传径山宗风，并在诸多日僧的共同推动下吸收中国禅宗思想逐步发展成为至今不衰的日本茶道。

宋元时期以杭州余杭径山寺、临安天目寺为核心的中日禅茶交流，对日本后世的茶文化产生了深远的影响，其中包括黑釉"天目盏"、漆器盏托"天目台"、由团饼"末茶"而演化的日式"抹茶"。

在韩国佛教发展史上被誉为"高丽佛教双璧"之一的大觉国师义天（1055—1101）约在元丰八年（1085）来到中国求法，先后14个月，行迹遍布宋朝一半江山，两度经过杭州，逗留时间最长，还曾到龙井寿圣寺参拜高僧辩才大师，品茶论道。义天学成回国后，杭州慧因高丽寺辩真法师还托人带去佛经和"小茶（小龙团）一百片"，成就了宋和高丽佛学交流新高潮中的一段佳话。

因为具备以上优势，所以从南宋开始，后来的封建王朝的"茶都"不再跟随政治中心转移了，因为"茶都"杭州具备的基础条件太牢固了，而且因为有了这些优势，茶都高地也更容易叠加新的优势——当今众多"国字号"涉茶机构远离上级机关而设在杭州就是一个有力的例证，这些"国字号"机构设在杭州又进一步为"茶都"增加了优势，提高了地位。当然承受"茶都"之誉的杭州也不会躺在老祖宗留下的遗产上高枕无忧，如何再创造新的优势，杭州正在奋力，世人都很期待。

参考文献

1.〔元〕脱脱等：《宋史》，中华书局，1985 年。

2.〔清〕徐松辑：《宋会要辑稿》，中华书局，1957 年。

3.〔宋〕李焘：《续资治通鉴长编》，中华书局，2004 年。

4.〔宋〕徐梦莘：《三朝北盟会编》，上海古籍出版社，1987 年。

5.〔宋〕潜说友：《咸淳临安志》，载《宋元方志丛刊》第四册，中华书局，1990 年。

6.〔宋〕施宿：《嘉泰会稽志》，载《宋元方志丛刊》第七册，中华书局，1990 年。

7. 傅璇琮等主编：《全宋诗》，北京大学出版社，1991—1998 年。

8. 唐圭璋编：《全宋词》，中华书局，1965 年。

9.〔宋〕吕祖谦编：《宋文鉴》，齐治平点校，中华书局，2018 年。

10.〔宋〕范仲淹：《范仲淹全集》，李勇先、王蓉贵校点，四川大学出版社，2002 年。

11.〔宋〕欧阳修著，洪本健校笺：《欧阳修诗文集校笺》，上海古籍出版社，2009 年。

12.〔清〕王文诰辑注：《苏轼诗集》，孔凡礼点校，中华书局，1982 年。

13.〔宋〕陶毂：《清异录》，载《宋元笔记小说大观》第 1 册，上海古籍出版社，2007 年。

14.〔宋〕徐兢：《宣和奉使高丽图经》，台北商务印书馆，1971年。

15.〔宋〕朱彧：《萍洲可谈》，李伟国校点，载〔宋〕朱彧、陆游《萍州可谈　老学庵笔记》，上海古籍出版社，2012年。

16.〔宋〕吴自牧：《梦粱录》，浙江人民出版社，1984年。

17.〔日〕成寻著，王丽萍校点：《新校参天台五台山记》，上海古籍出版社，2009年。

18. 沈冬梅、黄纯艳、孙洪升：《中华茶史》（宋辽金元卷），陕西师范大学出版总社，2016年。

19. 陈椽编著：《茶业通史》，中国农业出版社，2008年。

20. 黄杰：《两宋茶诗词与茶道》，浙江大学出版社，2021年。

21. 周滨：《中国茶器——王朝瓷色一千年》，华中科技大学出版社，2020年。

22. 陈正祥：《中国文化地理》，生活·读书·新知三联书店，1983年。

23. 鲍志成编著：《杭州茶文化发展史》，杭州出版社，2014年。

24.〔宋〕赵佶：《大观茶论》，载沈冬梅、李涓编著《大观茶论（外二种）》，中华书局，2013年。

25.〔宋〕洪迈：《夷坚志》，中华书局，2010年。

26.〔宋〕梅尧臣著，朱东润编年校注：《梅尧臣集编年校注》，上海古籍出版社，1980年。

27.〔宋〕李昭玘：《乐静集》，文渊阁《四库全书》本。

28.〔宋〕周密：《武林旧事》（插图本），李小龙、赵锐评注，中华书局，2007年。

29. 朱自振、沈冬梅、增勤编著：《中国古代茶书集成》，上海文化出版社，2010年。

30.〔宋〕彭乘：《墨客挥犀》，中华书局，2002年。

31.〔日〕玄惠法印：《吃茶往来》，日本国立公文书馆藏《群书类丛》本。

32. 滕军：《日本茶道文化概论》，东方出版社，1992年。

33.〔日〕木宫泰彦：《日中文化交流史》，胡锡年译，商务印书馆，1980年。

34.〔朝〕郑麟趾等：《高丽史》，朝鲜太白山史库本。

后　记

在浙江省社科规划办、杭州市委宣传部和杭州出版社的共同关心支持下，"宋韵文化生活系列丛书"之《琼蕊风流》今日终于与读者见面了！我们再一次尝到了"辛苦并快乐着"这句熟语的真味！

书名《琼蕊风流》，取自黄庭坚赞宋茶的一句词："琼蕊暖生烟，一种风流气味。"宋茶有如此神韵，当代研究宋茶的书也希望具备如此的气韵。

本书大纲由陈永昊提出，徐吉军修改，并吸收了课题和书稿评审专家的意见。初稿除宋代茶器具部分由沈纯道提供外，均由陈永昊完成。之后，徐吉军对全书初稿进行了多处重要的改写、增删和校正，并花费大量精力——核证引文，还提供了大多数插图（中国美术学院裘纪平先生对茶书画部分的文字和插图亦有贡献）。陈永昊和徐吉军对书稿进行了多次研讨交流，统稿再三而后定。

本书参考文献和引文的作者们，有的已经作古，有的依然健在，在此我们都要向他们表示真诚的感谢和致敬。我们还要感谢"宋韵文化生活系列丛书"课题的领导组织者、审读专家和编辑们，他们是丛书的催生人，也是宋韵文化研究不断走向深入的有力推动者。

书中肯定还存在诸多舛误和不尽科学之处，恳望专家和读者批评指正，以期今后的深入和完善。

"宋韵文化生活系列丛书"跋

2021年8月，省委召开文化工作会议，对实施"宋韵文化传世工程"作出部署。在浙江省委宣传部、杭州市委宣传部及上城区委宣传部领导和指导下，杭州宋韵文化研究传承中心牵头抓总，组织中心学术咨询委员会专家具体承担"宋韵文化生活系列丛书"编撰工作。

浙江省委始终高度重视文化强省建设，在深入推进浙江文化研究工程的同时，部署实施"宋韵文化传世工程"，着力构建宋韵文化挖掘、保护、提升、研究、传承工作体系，让千年宋韵在新时代"流动"起来，"传承"下去。在浙江省社科联的大力支持下，本套丛书被列为"浙江文化研究工程"重大项目。经过一年多努力，丛书编撰工作顺利推进，并取得阶段性成果。

丛书共16册，以百姓生活为切入点，力求从文化视角比较系统地叙述两宋时期与百姓生活密切相关的重要文明史实、重要文化人物与重要文化成果，期望通过形象生动的叙述立体呈现宋代浙江的文脉渊源、人文风采与宋韵遗音，梳理宋代浙江文化的传承发展脉络。这项工作，得到了省内外众多高校与研究机构的积极响应，也得到了史学界、文学界及其他领域众多专家学者的全力支持。各位专家学者承接课题以后，高度重视、精心谋划、认真写作，按时完成撰稿，又经多领域专家严格把关，终于顺利完成编撰出版工作。

在丛书编撰出版过程中，我们突出强调三方面要求：一是思想性。树立大历史观，打破王朝时空体系，突出宋韵文化的历史延续性，用历史、发展、辩证的眼光，从历史长河、时代大潮中把握宋韵文化历史方位，全面阐释宋韵文化特色成就，提炼其具有历史进步意义的文化元素，让每一位读者通过阅读这套丛书，对宋韵文化形成基本的认知，对两宋文化渊源沿革有客观的认识。二是真实性。书稿的每一个知识点力求符合两宋史实，注重对与文化紧密相关的经济、外交、军事、社会等领域知识的客观阐述，使读者对宋代文明的深刻内涵、独特价值及传承规律形成科学的认识，产生正确的认知。三是可读性。文字叙述活泼清新，图片丰富多彩，助力读者开卷获益，在阅读中加深对宋韵文化多层面、多视角的感知与体悟。我们希望这套成规模、成系列的通俗类图书的出版，能对全省宋韵文化研究与传承工作起到推动促进作用。

在丛书即将付梓之际，谨向参与丛书组织领导和撰稿的专家学者表示衷心的感谢！向所有为这套丛书编辑出版提供支持帮助的朋友表示诚挚的感谢！

"宋韵文化生活系列丛书"编纂委员会

2023 年 4 月 17 日